Marlies Busch

Taschenatlas
Pflanzen für Heimtiere

gut oder giftig?

2., aktualisierte Auflage
241 Farbfotos

Ulmer

Vorwort

Unsere Heimtiere sind von einer Vielzahl an Pflanzen umgeben. So werden unsere Vögel, Nager und andere Kleinsäuger mit Grünpflanzen gefüttert, Reptilien leben in bepflanzten Terrarien und nehmen, je nach Art, auch pflanzliche Kost zu sich. Vögel beschäftigt und verwöhnt man außerdem mit Sitz- und Spielästen aus der Natur. Katzen leben in der Wohnung mit Zimmerpflanzen oder floristischen Dekorationen. Draußen streifen sie als Freigänger durch die Natur, wo sie mit vielen Wildkräutern und Gartenpflanzen in Kontakt kommen. Auch die Hunde knabbern im Garten oder beim Gassigehen gern am Gras oder an Stöcken beim Spielen. Manche Pflanzen davon sind giftig, andere nicht oder sogar nützlich, und man an sollte sie als Halter unterscheiden können.

Dieser Taschenatlas bietet Ihnen eine leicht verständliche, bebilderte Pflanzenkunde, in der speziell alle die Pflanzen dargestellt sind, mit denen unsere Heimtiere Bekanntschaft machen können. Es wurden dazu die Daten aus der Tiermedizin zusammengetragen, die sich im Zusammenhang mit gesundheitlichen Beeinträchtigungen oder Vergiftungen bei Heimtieren gezeigt haben und großenteils wissenschaftlich untersucht wurden.

Dieses übersichtliche Buch wird Ihnen helfen, die für Ihre Tiere ungiftigen und gesundheitlich förderlichen Pflanzen zu erkennen sowie, die gefährlichen zu meiden. Die Informationen sind nach den allgemein üblichen Trivialnamen geordnet, führen auch die regional unterschiedlichen Pflanzenbezeichnungen auf und sind mit Fotos versehen, die neben der Beschreibung ein leichteres Erkennen der Pflanzen gewährleisten. Das kann Ihnen die leidige Suche im Internet und in Diskussionsforen ersparen oder sie abkürzen.

Marlies Busch
München

Inhaltsverzeichnis

Einführung

Dieser Taschenatlas stellt in bebilderten Porträts Wildpflanzen, Zierpflanzen und Zimmerpflanzen vor, die auf ihre Eignung als Futtermittel für Reptilien, Nagetiere, andere Säugetiere und Vögel geprüft wurden. Piktogramme zeigen auf den ersten Blick, ob und für welche Heimtiere sich die Pflanzen eignen oder ob sie gefährlich sein können.

Auffällig ist die unterschiedliche Anfälligkeit verschiedener Tierarten gegenüber pflanzlichen Giften, wobei die Angaben in der Literatur auch nicht immer einheitlich sind. Oft vertragen Vögel oder Reptilien toxische Substanzen besser als Säugetiere. Gerade Vögel zeigen eine hohe Toleranz und fressen beispielsweise hochgiftige Beeren, ohne Schaden zu nehmen. Allerdings nehmen sie häufig lehmhaltige Erden zu sich, die entgiftend wirken. Oder sie scheiden den meist giftigsten Teil der Frucht, den Samenkern, unverdaut wieder aus und sorgen so für eine Verbreitung der Pflanze.

Da Pflanzen standortgebunden sind, haben sie im Laufe der Evolution Mechanismen entwickelt, sich vor Fressfeinden zu schützen. Dazu gehören neben mechanischen Ausrüstungen wie Stacheln, Dornen oder Brennhaaren auch chemische Substanzen, deren Giftigkeit oft mit einem bitteren Geschmack gekoppelt ist. Zudem enthalten die Pflanzen in verschiedenen Wachstumsperioden oder nach starkem Fresstierbefall unterschiedlich hohe Konzentrationen toxischer Stoffe, was die Einschätzung eines Risikopotenzials schwierig macht. Hierauf geht dieses Buch intensiv ein.

Verlassen Sie sich nicht auf den natürlichen Instinkt Ihres Tieres, gefährliche Pflanzen zu meiden. Heimtiere werden seit vielen Generationen in menschlicher Obhut gehalten und haben diesen Instinkt womöglich verloren. Oder er funktioniert nur in ihrem natürlichen Habitat, das sich aber nicht immer in unseren Gefilden befindet. Die vielen gemeldeten Heimtiervergiftungen mit oft tödlichem Ausgang bestätigen die Vermutung, dass die Tiere nicht immer wissen, was ihnen guttut.

Besonders darauf hingewiesen wird in diesem Buch, wenn ein Verwechslungsrisiko zwischen guten, also nutzbaren oder ungefährlichen Kräutern und giftigen Pflanzen besteht. Verfüttern Sie deshalb vorsorglich niemals unbekannte Pflanzen an Ihr Heimtier, ein „Antesten“ könnte tödlich ausgehen!

Da gerade Grünfutter eine wichtige Bereicherung im Speiseplan der in Menschenobhut befindlichen Tiere ist, sollte insbesondere auf die Bedürfnisse der einzelnen Tierart geachtet werden. Nicht jede verträgt problemlos große Mengen an Wildkräutern, mögen diese auch noch so gehaltvoll und gesund sein. Zudem gibt es innerhalb einer Tierart natürlich auch Individualisten, die unterschiedlich auf die Fütterung mit einzelnen Pflanzenarten reagieren können. Chinchillas zum Beispiel zeigen sich als besonders sensibel im Hinblick auf die meisten Grünfutterarten.

Ein wichtiger Hinweis: Das Verfüttern von Wildkräutern, auch wenn viele von ihnen keine toxischen Substanzen enthalten, kann auch dann Gefahren bergen, wenn man an stark befahrenen Straßen, in Weinbergen oder an Äckern sammelt, wo die Pflanzen mit Pestiziden und Umweltschmutz belastet sein können. Auch auf stark verschmutzte oder mit Tierexkrementen verunreinigte Wildkräuter sollte man unbedingt verzichten. Reinigen oder waschen Sie die selbst gesammelten oder im eigenen Garten gezogenen Pflanzen ebenso wie das gekaufte Grünfutter immer, bevor Sie es Ihren Tieren anbieten. Es sollte jedoch keinesfalls nass oder feucht sein, weil dies zu Verdauungsstörungen führen kann.

Erklärung der Piktogramme

Nagetiere

Reptilien

Säugetiere

Vögel

Giftigkeit
- schwach
- mittel
- stark

Verwendung bei Heimtieren
- als Futter geeignet
- als Futter gut
- als Futter sehr gut
- weder giftig noch nutzbar

Wild- und Nutzpflanzen

Gerade unter den Wild- und Nutzpflanzen finden sich neben giftigen auch viele, die sich hervorragend als Futter eignen oder die als Heilpflanzen genutzt werden können.

stark giftig | stark giftig | stark giftig | stark giftig

Bärenklau

Heracleum mantegazzianum

Andere Bezeichnungen: Herkulesstaude, Herkuleskraut
Vorkommen: Beheimatet in Europa und dem Kaukasus, aus dem er eingeführt wurde.
Beschreibung: Ausdauernde Pflanze mit einem kantigen, gefurchten, purpur gefleckten Stängel, der bis zu 5 m hoch werden kann. Stängel und Blätter sind meist borstig behaart, die Blätter gefiedert und tief geteilt. Die Blüten sind weiß grünlich oder leicht rötlich und wachsen an 15 bis 50 cm langen Dolden. Die abgeflachten Früchte sind elliptisch und 6 bis 10 cm lang.
Verwertbare Teile: Keine.
Giftige Pflanzenteile: Alle Pflanzenteile, besonders der Pflanzensaft und die Früchte bei oraler Aufnahme.
Toxische Substanzen: Fototoxische Furocurmarine wie Xanthotoxin, Psoralen, Bergapten und Imperatorin.
Vergiftungserscheinungen: Kontaktdermatitis, Rötungen, Schwellungen, Blasenbildung, die durch Sonneneinwirkung verstärkt werden.
Erste Hilfe: Sofort den Tierarzt aufsuchen, Wundversorgung ähnlich wie Brandblasen, die betroffenen Stellen vor Lichteinwirkung schützen! Bei oraler Aufnahme Medizinalkohle verabreichen.

Vorsicht

Beim Schneiden der Herkulesstaude unbedingt Schutzkleidung tragen und Tiere von den betroffenen Stellen fernhalten, denn durch verspritzten Pflanzensaft kann es auch in der Umgebung zur Kontaminierung kommen.

stark giftig | stark giftig | stark giftig | stark giftig

Bärlauch

Allium ursinum

Andere Bezeichnungen: Küchenkraut, wilder Knoblauch, Knoblauchspinat, Zigeunerlauch
Vorkommen: Dieses Zwiebelgewächs kommt wild in ganz Europa und Nordasien vor und wächst in schattigen Auen und Auwäldern.
Beschreibung: Mehrjährige, krautige Pflanze mit einer Wuchshöhe von 20 bis 50 cm. Die langstieligen Laubblätter sind grundständig, lanzettförmig und bis zu 5 cm breit, sie ähneln denen des Maiglöckchens. Die weißen, sternförmigen, 3-zähligen Blüten bilden eine Dolde aus 5 bis 20 Blüten. Knoblauchartiger Geruch.
Verwertbare Teile: Keine.
Erntezeit: März bis Mai.
Inhaltsstoffe: Lauchöle, Flavonoide, Biokatalysatoren, Fructosane und viel Vitamin C.
Giftige Pflanzenteile: Alle, aber nur für Tiere.
Toxische Substanzen: Lauchöle, Alliin, das bei Beschädigung der Pflanze in Allicin umgewandelt wird, Diallyldisulfid, Diallyltrisulfid, Diallyltetrasulfid.
Vergiftungserscheinungen: Magen-Darm-Beschwerden mit Durchfall, Anämie, blutiger Harn, Gelbsucht, Kreislaufstörungen.
Erste Hilfe: Behandlung der Symptome, bei stärkeren Beschwerden den Tierarzt aufsuchen.
Besonderheiten: Großes Verwechslungsrisiko der Blätter mit denen der stark giftigen Maiglöckchen und Herbst-Zeitlosen.

Vorsicht

Ebenso giftig für Tiere sind roher Knoblauch, Zwiebel, Lauch und Schnittlauch. Denn die Toxine lassen die roten Blutkörperchen platzen.

als Futter sehr gut

als Futter sehr gut

weder giftig noch nutzbar

als Futter sehr gut

Basilikum

Ocimum basilicum

Andere Bezeichnungen: Basilienkraut, Hirnkraut, Josefskräutlein, Königskraut
Vorkommen: Der Name stammt aus dem Griechischen und bedeutet königlich, wegen seines edlen Duftes. Die Pflanze stammt ursprünglich vom afrikanischen Kontinent und wird seit dem 12. Jahrhundert in Deutschland kultiviert.
Beschreibung: Buschig wachsende Pflanze mit einer Höhe von 20 bis 60 cm mit eiförmigen Blättern.
Verwertbare Teile: Blätter.
Erntezeit: Um eine möglichst lange Erntezeit zu erreichen, die gesamten Triebspitzen sowie zwei Hauptblätter abknipsen, dies hindert die Pflanze am Blühen.
Inhaltsstoffe: Vitamin A und C, Estragol.
Toxische Substanzen: Estragol, in geringen Mengen.
Vergiftungserscheinungen: Basilikum enthält den krebserregenden und erbgutschädigenden Stoff Estragol. Eine konkretes Risikopotenzial kann zurzeit nicht abgegeben werden. Die Menge, die aufgenommen werden muss, um schädigend zu wirken, ist jedoch sehr hoch und kann bei normalem, gelegentlichem Verfüttern nicht erreicht werden.
Erste Hilfe: Behandlung der Symptome.
Besonderheiten: Estragol wirkt in kleinen Dosen darmregulierend und leicht antibakteriell und eignet sich besonders für Nagetiere.

Vorsicht

Chinchillas vertragen das Basilikum nur gelegentlich getrocknet.

schwach giftig als Futter geeignet | schwach giftig als Futter geeignet | schwach giftig nicht nutzbar | schwach giftig als Futter geeignet

Beinwell, Echter

Symphytum officinale

Andere Bezeichnungen: Beinwurz, Bienenkraut, Hasenlaub, Milchwurz, Schadheilwurz, Schmalwurz, Schwarzwurz, Wallwurz, Wundallheil
Vorkommen: Das Raublattgewächs wächst auf feuchten, nährstoffreichen Böden in ganz Europa und Asien.
Beschreibung: Die mehrjährige, krautige Pflanze wird zwischen 30 cm und 1 m hoch. Die Blätter sind lanzettförmig, werden bis zu 25 cm lang und sind, wie der Stängel, auch borstig behaart. Die Blüten sind violett oder weiß-gelblich.
Verwertbare Teile: Junge Blätter.
Inhaltsstoffe: Allantoin, Gerbstoffe, Stärke, Triterpene, Asparagin, Phytosterole, Pyrrolizidine. Hoher Proteinanteil, vergleichbar mit tierischem Eiweiß.
Toxische Substanzen: Pyrrolizidinalkaloide.
Vergiftungserscheinungen: Pyrrolizidinalkaloide können in größeren Mengen leberschädigend wirken, auch wurden in Laborversuchen Stoffe nachgewiesen, die allerdings nur beim Konsum extrem großer Mengen krebserregend sein können. Daher ist Beinwell als Tierfutter zumindest umstritten. Eine gültige Aussage zum Risikopotenzial kann nicht gemacht werden, so bleibt es dem Halter überlassen, die Entscheidung über eine gelegentliche Fütterung zu treffen. Beim Beinwell handelt es sich auch eher um eine Heilpflanze.

Vorsicht

Da sich die Blätter nur durch die Blattränder von denen des giftigen Fingerhuts unterscheiden, besteht Verwechslungsgefahr!

als Futter geeignet | als Futter geeignet | weder giftig noch nutzbar | als Futter geeignet

Berufkraut, Kanadisches

Conyza canadensis

Andere Bezeichnung: Katzenschweif
Vorkommen: Pionierpflanze, die bevorzugt auf nährstoffreichen Böden auf Waldlichtungen, Schuttplätzen, Unkrautfluren, an Wegrändern sowie in den Städten an naturbelassenen Verkehrsinseln und stillgelegten Schienenstrecken wächst. Ursprünglich in Kanada und dem Norden der USA beheimatet, war das Kanadische Berufkraut eine der häufigsten Trümmerpflanzen nach dem ersten Weltkrieg.
Beschreibung: Die ausdauernde, krautige Pflanze aus der Familie der Korbblütlergewächse wächst schlank und aufrecht bis zu einer Höhe von 1 m mit leicht behaarten Pflanzenteilen. Die Blätter sind länglich mit gezahntem Blattrand, die unteren etwas breiter. Die unzähligen winzigen Blüten sind unauffällig und bestehen aus dem gelben Blütenköpfchen, das von weißen Randblüten umgeben ist.
Verwertbare Teile: Blätter und Blüten.
Erntezeit: Von April bis in den Herbst.
Inhaltsstoffe: Ätherische Öle, Cholin, Beta-Sitosterol, Kaffeesäure, Flavonoide und Gerbstoffe.
Giftige Pflanzenteile: Keine.
Besonderheiten: Die Pflanze kann an die Tiere sowohl frisch als auch getrocknet verfüttert werden.

stark giftig | stark giftig | stark giftig | stark giftig

Bilsenkraut, Schwarzes

Hyoscyamus niger

Andere Bezeichnungen: Hühnertod, Gänsegift, Schlafkraut, Tollkraut, Zigeunerkraut
Vorkommen: Das Nachtschattengewächs ist ursprünglich in Europa, Nordafrika und China heimisch, aber mittlerweile auch eingeschleppt in den USA, in Kanada und Australien.
Beschreibung: Die krautige, ein- bis mehrjährige Pflanze ist klebrig behaart und hat einen auffälligen Geruch. Die eiförmigen Laubblätter sind gezähnt oder gelappt, die Blüten gelblich, grünlich, violett geädert und bis zu 4 cm lang, die Kapselfrucht länglich und 2 bis 4 cm groß.
Verwertbare Teile: Keine.
Giftige Pflanzenteile: Alle, besonders Wurzeln und Samen.
Toxische Substanzen: Die Tropanalkaloide Hyoscyamin, Scopolamin, Atropin, Apoatropin, Belladonnin und Cuskhygrin und Gerbstoffe.
Vergiftungserscheinungen: Erregung, Schwindel, Hautrötungen, Durst, Übelkeit mit Erbrechen und Durchfall, Halluzinationen, Herzklopfen, Blutdruckanstieg, Krämpfe, Bewusstlosigkeit, Atemlähmung, bei manchen Tieren auch Tobsucht.
Erste Hilfe: Behandlung der Symptome, unbedingt sofort den Tierarzt aufsuchen!
Besonderheiten: Die letale, also tödliche Dosis liegt beim Pferd bei 180 g frischer Pflanze, beim kleineren Organismus der meisten Tiere sind das lediglich wenige Blätter.

Vorsicht

Verwechslungen mit der Pastinakwurzel möglich! Allerdings wird die Pflanze meist schon wegen der Klebrigkeit von Tieren gemieden.

als Futter geeignet | als Futter sehr gut | nicht nutzbar | als Futter sehr gut

Blaubeere

Vaccinium myrtillus

Andere Bezeichnungen: Heidelbeere, Schwarzbeere, Hällbeere, Bickbeere
Vorkommen: Dieses Heidekrautgewächs ist in den gemäßigten Breiten Eurasiens beheimatet und wächst als Halbschattenpflanze in nährstoffarmen Moor- und Bergheiden.
Beschreibung: Stark verzweigter Zwergstrauch mit kantigen, grünen Ästen und eiförmigen, fein gezähnten Blättern. Die rot-grünlichen Blüten wachsen einzeln aus den Blattachseln, die Früchte sind blauschwarz und kugelig.
Verwertbare Teile: Reife Beeren, Blätter.
Erntezeit: Juli bis September.
Inhaltsstoffe: Vitamine und Mineralstoffe.
Toxische Substanzen: In den Blättern Arbutin und Hydrochinon.
Vergiftungserscheinungen: Krebserregend, allerdings nur, wenn über lange Zeiträume in großen Mengen gefüttert wird.
Besonderheiten: Die Blätter sind eine willkommene Abwechselung für Nagetiere, die Beeren werden von fast allen Tieren gerne genommen, aber in Maßen, da sie sehr zuckerhaltig sind. Ungewaschene Beeren sollten nicht verzehrt werden, da der Fuchsbandwurm anhaften könnte.

Vorsicht

Verwechslungen mit der Rauschbeere sind möglich, die ein weißliches Fruchtfleisch hat, die Blaubeere ein dunkles! Durch den kleineren Organismus mancher Tiere kann eine Fütterung mit Rauschbeeren zu Vergiftungen führen, die Angaben hierzu sind widersprüchlich.

als Futter gut	als Futter gut	nicht nutzbar	als Futter gut

Borretsch

Borago officinalis

Andere Bezeichnungen: Gurkenkraut, Blauhimmelstern, Herzfreude, Wohlgemutsblume, Liebäuglein
Vorkommen: Im Mittelmeerraum beheimatet, mittlerweile in ganz Mitteleuropa kultiviert, bevorzugt die Pflanze nahrhaften Boden.
Beschreibung: Die krautige Pflanze wird bis zu 70 cm hoch und ist an Stängel und den dunkelgrünen, eiförmigen Blättern borstig behaart. Die leuchtend blauen, sternförmigen Blüten sitzen auf kurzen Stielen und sind 5-zählig.
Verwertbare Teile: Junge Blätter, Blüten, Samen.
Erntezeit: Blüten von Mai bis September.
Inhaltsstoffe: Schleimstoffe, Gerbstoffe, Harze, Kaliumnitrat, Kieselsäure, ätherische Öle, Vitamin C.
Giftige Pflanzenteile: Nur die Blätter, in den Blüten und den Samen sind die giftigen Pyrrolizidinalkaloide nicht enthalten, lediglich Thesinin, eine ungiftige Variante.
Toxische Substanzen: Pyrrolizidinalkaloide, wie Intermedin, Lycopsamin, Amabilin und Supinin.
Vergiftungserscheinungen: Leberschädigungen bei langzeitlicher Fütterung in großen Mengen.
Besonderheiten: Eine gelegentliche Fütterung des Krauts gilt als unbedenklich.

Vorsicht

Die Pflanze wird meist nur im getrockneten Zustand gefressen und ist für Chinchillas als Futterpflanze ungeeignet.

als Futter sehr gut | als Futter sehr gut | nicht nutzbar | als Futter sehr gut

Brennnessel

Urtica dioica L.

Andere Bezeichnung: Rotes Feuer
Vorkommen: Die Pflanze aus der Familie der Brennnesselgewächse bevorzugt nährstoffreiche Böden im Umkreis von Siedlungen, an Waldrändern, in Auenwäldern, fast weltweit.
Beschreibung: Krautige Pflanze, die bis zu 1,50 m hoch werden kann. Die Blätter sind tiefgrün und vorne spitz zulaufend mit grob gesägtem Rand. Die blass violetten Blüten sind unauffällig.
Verwertbare Teile: Die zarten, jungen Blätter und Triebe, halbreife und reife Samen.
Erntezeit: Die jungen Triebe von März bis Mai, die Samen ab Juni.
Inhaltsstoffe: Flavonoide, Fett und Kohlenhydrate, viel Magnesium, Kalium, Eisen und Silicium, reich an Eiweiß und Vitamin A, C und E. In den Samen viel Öl und Vitamin E, Schleimstoffe und Carotinoide.
Toxische Substanzen: Bereits bei leichter Berührung der Stängel oder Blätter werden Giftstoffe wie Acteylcholin, Histamin und Serotonin in die Haut appliziert, die einen schmerzhaften Juckreiz auslösen können.
Besonderheiten: Ganz junge Triebe und Blätter können verfüttert werden. Die Brennhaare sind für Vögel unproblematisch, es sei denn, das Tier hat kahle Hautstellen. Ansonsten verliert das Nesselgift beim Überbrühen mit heißem Wasser seine Wirkung. Nagetieren sollte man die Brennnessel am einfachsten getrocknet füttern. Als Aufguss sind Brennnesseln ein Hausmittel bei Blasen- und Harnwegsinfekten, Gicht, Rheuma, Arthritis und Nierenentzündungen.

als Futter sehr gut | als Futter sehr gut | weder giftig noch nutzbar | als Futter sehr gut

Brombeere

Rubus fruticosus

Andere Bezeichnungen: Schwarzbeere, Kratzbeere
Vorkommen: Die Pflanze aus der Familie der Rosengewächse bevorzugt Waldränder, Lichtungen, Böschungen und Dämme an sonnigen bis halbschattigen Standorten. Sie ist aber auch sehr beliebt als Gartenpflanze und in Deutschland mit mehr als 400 Sorten vertreten.
Beschreibung: Die Kletterpflanze mit verholzten und stacheligen Stängeln wird zwischen 50 cm und 3 m hoch und trägt 3- bis 7-zählige Blätter, die im Herbst nicht abgeworfen werden. Von Juli bis August bilden sich die weißen Blüten aus. Die blauschwarzen Sammelsteinfrüchte sind botanisch gesehen keine Beeren, auch wenn sie als solche bezeichnet werden.
Verwertbare Teile: Blätter, Blüten, Früchte.
Erntezeit: Blätter und Blütenknospen von März bis April, Früchte ab August bis in den Spätherbst.
Inhaltsstoffe: Hoher Gerbstoffanteil, Flavonoide, viel Vitamin A, B und E Magnesium, Eisen, Zink, Mangan, Kupfer, Antioxidanzien.
Besonderheiten: Blätter wirken darmregulierend zum Beispiel bei Durchfall, sollten aber besser getrocknet werden, da sie sehr stachelig sind.

Vorsicht

Da die Blätter der Brombeere eine starke Heilwirkung haben, sind sie eher ein Heilmittel denn ein Futter. Auch die Früchte sollten nur in geringen Mengen verfüttert werden, weil sie sehr viel Zucker enthalten.

schwach giftig | schwach giftig | schwach giftig | schwach giftig

Brunnenkresse

Nasturtium officinale

Andere Bezeichnungen: Bachbitterkraut, Bachkresse, Bitterkresse, Kersche, Bornkassen, Wassersenf, Wasserkresse
Vorkommen: Fast weltweit verbreitet außer in sehr heißen Gegenden, wächst bevorzugt in rasch fließenden, klaren Gewässern. Sie ist auch als Kulturpflanze im Handel und wird in der Küche roh als Salatbeigabe verwendet.
Beschreibung: Ausdauernde, wintergrüne Pflanze, mit kriechenden oder aufsteigenden, hohlen Stängeln, stark verzweigt. Die Blätter sind unpaarig gefiedert, das Endblättchen ist größer und runder. Die Blüten sind weiß, mit gelben Staubbeuteln. Die Schoten sind bis zu 2 cm lang und 3 cm breit und enthalten deutlich sichtbar bis zu 60 Samen.
Verwertbare Teile: Blätter, Triebe, Blütenknospen, Blüten, wobei die Pflanze nach der Blüte nicht mehr zum Verfüttern geeignet ist, Samen.
Erntezeit: Von April bis August Blätter, Triebe und Blütenknospen, die Blüten von Mai bis September und die Samen ab September.
Inhaltsstoffe: Senfölglykoside, Flavonoide, Vitamin C und E, Bitterstoffe.
Giftige Pflanzenteile: Alle.
Toxische Substanzen: Glucosinolate (Senfölglykoside).
Vergiftungserscheinungen: Haut- und schleimhautreizend, Reizungen des Magen-Darm-Trakts.
Erste Hilfe: Behandlung der Symptome, mit ernsthaften Vergiftungen muss nicht gerechnet werden.

schwach giftig | schwach giftig | als Futter geeignet | als Futter sehr gut

Buchweizen, Echter

Fagopyrum esculentum

Andere Bezeichnungen: Heidenkorn, schwarzes Welschkorn, Heidegrütze
Vorkommen: In Schutt- und Wildkrautfluren, auf nährstoffreichen Sandböden, ursprünglich in China kultiviert.
Beschreibung: Die einjährige, krautige Pflanze wird bis zu 60 cm hoch, der Stängel ist wenig verzweigt, die Blätter wechselständig, herzförmig und zugespitzt. Trägt sehr viele traubige, etwa 3 mm lange Blüten, aus denen sich später kastanienbraune, dreikantige Nüsschen entwickeln.
Verwertbare Teile: Halbreife und reife Samen, erhältlich auch im Futtermittelhandel und hervorragend als Keimfutter geeignet.
Erntezeit: August bis November.
Inhaltsstoffe: Flavonoide, Gerbstoffe, Farbstoffe, Eiweiß, Vitamin B, Kalzium und Kieselsäure. In den Körnern viel Kieselsäure, Eiweiß, essenzielle Aminosäure Lysin, Flavonoide.
Giftige Pflanzenteile: Alle.
Toxische Substanzen: Rutin, Cyanidin, Leucocyanidin, Chlorogensäure, Fagopyrin. Wirkung von Fagopyrin im Heu bleibt bestehen. Die Verdauung störende Stoffe wie Trypsin- und Protease-Inhibitoren in den Samen.
Vergiftungserscheinungen: Der rote Farbstoff Fagopyrin in der Fruchtschale und den Blüten kann bei Aufnahme größerer Mengen eine Empfindlichkeit der Haut auf Sonnenlicht auslösen. Besonders Maul, Augenlider, Ohren und Vulva können betroffen sein. Ein relativ geringes Problem bei Vögeln, denn sie entspelzen den Buchweizen vor dem Fressen. Katzen lieben das junge Buchweizengras.

stark giftig | stark giftig | stark giftig | stark giftig

Buschwindröschen

Anemone nemorosa

Andere Bezeichnungen: Anemone, Augenwurz, Waldteppich, Märzblume, Weißes Buschveilchen, Windröschen
Vorkommen: Das Buschwindröschen ist in ganz Zentral- und Westeuropa verbreitet und zählt zu den ersten Frühlingsblühern. Es wächst bevorzugt in Laub- und Mischwäldern, unter Gebüsch und auf feuchten Wiesen.
Beschreibung: Die 10 bis 20 cm hohe, krautige Pflanze blüht von März bis Mai mit weißen oder leicht rosafarbenen Blüten. An jedem Stängel befindet sich eine Blüte, die grundständigen Blätter fehlen, am oberen Drittel sitzen jedoch handförmige, dreiteilige Hochblätter.
Verwertbare Teile: Keine.
Giftige Pflanzenteile: Alle.
Toxische Substanzen: Das Glykosid Ranunculin, Saponine vom Triterpentyp. Nach Verletzungen der Pflanze entsteht aus dem eigentlich ungiftigen Ranunculin das toxische Protoanemonin.
Vergiftungserscheinungen: Reizungen der Schleimhäute von Maul und Verdauungstrakt, Krämpfe, Kreislaufkollaps, Atemlähmung, blutiger Urin, Nierenschädigungen möglich.
Erste Hilfe: Behandlung der Symptome, sofort einen Tierarzt aufsuchen.
Besonderheiten: Im Dörrfutter, also im Heu, ungiftig.

Vorsicht

Die letale Dosis beim Hund liegt bei 20 mg pro kg Körpergewicht Protoanemonin.

als Futter gut | als Futter gut | als Futter geeignet | weder giftig noch nutzbar

Dill

Anethum graveolens

Andere Bezeichnungen: Gurkenkraut, Gurkenkümmel, Kümmerlingskraut, Kapernkraut, Dille, Dillfenchel
Vorkommen: Die Pflanze aus der Familie der Doldenblütler stammt vermutlich aus Vorderasien und wächst auf nährstoffarmen, feuchten Böden in Gärten, aber auch auf dem Fensterbrett.
Beschreibung: Die Blätter sind feinfiedrig und duften angenehm, die Pflanze wird bis zu 1 m hoch, die Blütendolden sind groß, gelb und luftig.
Verwertbare Teile: Kraut und Samen.
Erntezeit: Blätter ab Mai, Samen ab August.
Inhaltsstoffe: Ätherische Öle, fettes Öl, Cumarine und Kaffee-, Ferula- und Chlorogensäure.
Toxische Substanzen: Cumarin.
Vergiftungserscheinungen: Cumarin ist nur sehr schwach toxisch, würde in hoher Dosis zu Übelkeit, Schwindel und Benommenheit führen, bis hin zum Leberschaden. Bei einer normalen, abwechslungsreichen Fütterung ist mit gesundheitlichen Einschränkungen jedoch nicht zu rechnen.
Besonderheiten: Als Nahrungsergänzung für Hunde. Dillsamen sollen bei stillenden Hündinnen den Milchfluss anregen, wirken zudem appetitanregend und verdauungsfördernd bei Nagern. Vögel meiden angeblich den Dillsamen.

Vorsicht

Nur in geringen Mengen füttern, da der Dill eher ein Heilmittel als ein Futtermittel ist.

nicht nutzbar | nicht nutzbar | nicht nutzbar | als Futter gut

Distel, Krause

Carduus crispus

Vorkommen: Die Pflanze aus der Familie der Korbblütler wächst an Wegen und Ufern als „Unkraut“ auf nährstoffreichen Böden.
Beschreibung: Krautige Pflanze mit dornigen, fiederspaltigen, filzigen Blättern und kugeligen, stacheligen, violetten Blüten. Charakteristisch sind die stark bestachelten Stängel der Pflanze.
Verwertbare Teile: Halbreife und reife Samenstände.
Erntezeit: Juni bis Oktober.
Inhaltsstoffe: Isochinolinalkaloide (Crispine), Flavonoide, Cumarine, Beta-Sitosterol.
Toxische Substanzen: Cumarin.
Vergiftungserscheinungen: Cumarin ist nur sehr schwach toxisch, würde in hoher Dosis zu Übelkeit, Schwindel und Benommenheit führen, es wurden auch Nieren- und Leberschäden beobachtet. Zudem steht Cumarin im Verdacht, krebserregend zu sein, allerdings nur in ganz hohen Dosen, die beim normalen Füttern niemals erreicht werden. Bei einer normalen, abwechslungsreichen Fütterung ist mit gesundheitlichen Einschränkungen nicht zu rechnen, allerdings kann die Endscheidung darüber dem Tierhalter nicht abgenommen werden.
Besonderheiten: Vögel fressen sehr gerne auch die halbreifen Samen aus den frisch abgeblühten Distelköpfen.

Vorsicht

Um Verletzungen zu vermeiden, empfiehlt es sich, die Distelköpfe vor dem Verfüttern sehr sorgfältig von den Stacheln befreien.

als Futter sehr gut	als Futter sehr gut	nicht nutzbar	als Futter sehr gut

Distel, Raue Gänse-

Sonchus asper

Andere Bezeichnungen: Milchdistel, Saudistel
Vorkommen: Der Korbblütler wächst in Gärten und auf Äckern bevorzugt auf nährstoffreichem Lehm- oder Tonboden, in gemäßigten Zonen als Ruderalpflanze, also auf offenen, häufig gestörten Flächen.
Beschreibung: Die meist ausdauernde, krautige Pflanze erreicht eine Wuchshöhe von 80 cm bis 150 cm und hat einen weit verzweigten, hohlen Stängel mit dornigen, gezahnten Blättern. Die Stängelblätter sind glänzend grün, am Grund herzförmig abgerundet. Die zahlreichen gelben Blüten bestehen aus Zungenblüten und stehen in lockeren Doldenrispen. Die Frucht ist dunkelbraun und mit Längsrippen versehen. Die ganze Pflanze enthält einen Milchsaft.
Verwertbare Teile: Die zarten Blätter und Blüten.
Erntezeit: Blätter von April bis Dezember, Blüten von Juni bis Oktober.
Inhaltsstoffe: Bitterstoffe, Taraxasterol, Eisen, Vitamin C, Kautschuk.
Besonderheiten: Die jungen, zarten Blätter schmecken wie Kopfsalat und werden von fast allen Tieren gerne genommen. Eine verwandte Art, die Gemüse-Gänsedistel (*Sonchus oleraceus*), auch Kohl- oder Gewöhnliche Gänsedistel genannt, wird in der Küche als Bestandteil von Salat verwendet.

Vorsicht

Um mechanische Verletzungen bei den Tieren zu verhindern, die Blätter vor dem Verfüttern mit der Schere von den Stacheln befreien.

als Futter geeignet | als Futter geeignet | nicht nutzbar | als Futter geeignet

Dost, Gewöhnlicher

Origanum vulgare

Andere Bezeichnungen: Wilder Majoran, Oregano, Wohlgemut, Zahnwehkraut, Schusterkraut
Vorkommen: Die Pflanze aus der Familie der Lippenblütler stammt ursprünglich aus Kleinasien und ist mittlerweile in allen Mittelmeerländern sowie in Mittel- und Osteuropa zu Hause. Sie wächst bevorzugt an sonnigen Hängen, an Straßenböschungen und Heckensäumen, gerne auf Lehmböden und kalkigem Untergrund an warmen Standorten.
Beschreibung: Die mehrjährige, krautige Pflanze hat eine Wuchshöhe von 20 bis 80 cm und einen umfangreichen, rosafarbenen Blütenstand auf aufrechten, behaarten Stängeln. Die Blätter sind kurz gestielt, eiförmig und wenig behaart. Im Bereich des Blütenstandes verfärben sich die ansonsten dunkelgrünen Blätter meist leicht ins Rötliche. Besonders charakteristisch ist der Duft nach Mittelmeerküche.
Verwertbare Teile: Triebe, Blätter, Blüten.
Erntezeit: Blätter und Triebe von April bis September, Blüten.
Inhaltsstoffe: Ätherische Öle, Carvacrol, Terpinen, Thymol, Flavonoide, Gerbstoffe, Triterpene, Rosmarinsäure, Bitterstoffe, Glykoside, viel Vitamin C.
Besonderheiten: Auf Grund des hohen Gehalts an ätherischen Ölen nur gelegentlich füttern. Die kultivierte Pflanze hat einen geringeren Wirkstoffgehalt.

schwach giftig | schwach giftig | schwach giftig | als Futter sehr gut

Eberesche

Sorbus aucuparia

Andere Bezeichnungen: Vogelbeere, Vogelbeerbaum, Drosselbeerbaum, Quitsche, Krametsbeerbaum, Vogelbaum, Mehlbeerbaum
Vorkommen: Wild in nahezu ganz Europa und Nordafrika, mit geringen Ansprüchen.
Beschreibung: Strauch oder Baum bis zu 20 m Höhe, mit rundlicher Krone. Längliche, an den Rändern scharf gesägte Fiederblättchen, Blüten klein und weiß, Frucht kugelig, erbsengroß und leuchtend gelb bis scharlachrot.
Verwertbare Teile: Die reifen Beeren auch getrocknet oder tiefgefroren.
Erntezeit: Von August bis Dezember.
Inhaltsstoffe: Vitamin C, Sorbit und andere Saccharide (Zuckerstoffe), Säuren, Gerb- und Bitterstoffe, Parasorbinsäuren.
Besonderheiten: Die Beeren bleiben auch im Winter am Baum und bilden so eine wichtige Nahrungsgrundlage für einheimische Wildvögel.
Giftige Pflanzenteile: Frische Beeren.
Toxische Substanzen: Parasorbinsäure.
Vergiftungserscheinungen: Reizung des Magen-Darm-Trakts, Speichelfluss, Erbrechen, scharlachähnliche Hautausschläge bei Säugetieren bei Aufnahme sehr großer Mengen.
Erste Hilfe: Behandlung der Symptome, den Tierarzt aufsuchen.
Besonderheiten: In gekochtem oder getrocknetem Zustand verliert die Beere ihre leicht toxischen Substanzen.

Vorsicht

Nach Aufnahme sehr großer Mengen rauschartige Zustände bei Säugetieren.

schwach giftig | schwach giftig als Futter geeignet | schwach giftig | schwach giftig

Ehrenpreis, Persischer

Veronica persica

Andere Bezeichnungen: Gewitterblümchen, Allerweltsheil
Vorkommen: Weit verbreitet in Europa, Nordamerika, Nordasien und Afrika, in Gärten, auf Äckern auf nährstoffreichen Böden.
Beschreibung: Kleinwüchsige, krautige Pflanze, die eine Wuchshöhe zwischen 10 cm und 40 cm erreicht, mit oft zottigen, kriechenden Stängeln und kurzstieligen, grob gekerbten, rundlichen Blättern sowie kleinen, meist himmelblauen Blüten mit gelbweißem Schlund, selten sind die Blüten weiß. Die mehrsamigen Kapselfrüchte stehen vom Stängel ab.
Verwertbare Teile: Die Blüten werden gerne genommen, die Pflanze selbst schmeckt eher herb und wird von Tieren daher oft abgelehnt.
Erntezeit: Von Februar bis September die Blüten.
Inhaltsstoffe: Im blühenden Kraut Gerb- und Bitterstoffe, Gerbsäure, Saponine, Iridoide, Kaffeesäure-Derivate, Harze und ätherische Öle.
Toxische Substanzen: Saponine.
Vergiftungserscheinungen: Saponine sind meist sehr giftig für Fische. Im tierischen Organismus führt die Erniedrigung der Oberflächenspannung durch Saponine in größerer Menge zur Beschädigung der Zellmembran. Dies ist die Ursache der sogenannten hämolytischen Wirkung. Hierbei kann der rote Blutfarbstoff, das Hämoglobin, aus den roten Blutkörperchen austreten.

Vorsicht

Bei Konsum der Blüten kann es zu einer halluzinogenen Wirkung kommen, daher auch diese nur in ganz geringen Mengen verfüttern.

stark giftig | stark giftig | stark giftig | stark giftig

Eisenhut, Blauer

Aconitum napellus

Andere Bezeichnungen: Blaue Mönchskappe, Sturmhut, Blautod, Wolfswurz
Vorkommen: In Europa ist dieses Hahnenfußgewächs hauptsächlich in den Alpen und den Mittelgebirgen zu finden. Eisenhut wächst an Bachsäumen und im Gebüsch.
Beschreibung: Ausdauernde, krautige Pflanze mit rübenartigen Wurzeln und aufrechtem Stängel. Wird bis zu 1,50 m hoch. Die Blätter sind handförmig, 5- bis 7-teilig und dunkelgrün. Die Blüten sind dunkelviolett und helmförmig.
Verwertbare Teile: Keine.
Giftige Pflanzenteile: Alle, vor allem der Wurzelstock und die Samen.
Toxische Substanzen: Das Alkaloid Aconitin, eines der stärksten Pflanzengifte überhaupt, Aconin, Hypaconitin, Mesaconitin, Napellin, Neolin, Neopellin.
Vergiftungserscheinungen: Zuerst Atembeschleunigung, dann Atem- und Herzlähmung, Störung des Magen-Darm-Trakts mit Übelkeit, Erbrechen und kolikartigem Durchfall, Schmerzen in Kopf, Hals, Rücken.
Erste Hilfe: Behandlung der Symptome und sofort einen Tierarzt aufsuchen.
Besonderheiten: Der gelbe Eisenhut oder Wolfseisenhut enthält dieselben Wirkstoffe.

Vorsicht

Schon beim Pflücken dieser schönen Pflanze kann es durch den Pflanzensaft zu Hautentzündungen und Vergiftungen kommen, denn der Eisenhut gilt als die giftigste Pflanze Europas.

als Futter sehr gut | als Futter sehr gut | als Futter sehr gut | als Futter sehr gut

Erdbeere, Garten- und Walderdbeere

Fragaria ananassa und *Fragaria vesca*

Vorkommen: Die Walderdbeere (*F. vesca*), aus der Familie der Rosengewächse, ist in ganz Europa und Nordasien beheimatet. Sie ist nicht die Wildform unserer Gartenerdbeere, aber es gibt Kulturformen, die aus der Wald- und der Gartenerdbeere gezüchtet wurden.
Beschreibung: Krautige Pflanze mit einer Wuchshöhe von 25 cm in der kultivierten Form, mit langstieligen, meist 3-teiligen Laubblättern. Die weißen Blüten sind 5-zählig. Die Früchte sind botanisch gesehen keine Beeren, sondern Sammelfrüchte, denn die kleinen grünlichen Nüsschen auf der Erdbeere sind die eigentlichen Früchte.

Verwertbare Teile: Reife Früchte und junge Blätter.
Erntezeit: Juni und Juli, die Walderdbeere auch später. Die in Gewächshäusern und in südlichen Ländern im Freiland gezogenen Erdbeeren kann man schon ab März kaufen.
Inhaltsstoffe: Blätter: Gerbstoffe, Flavonoide, ätherische Öle, Salicylsäure. Früchte: Folsäure, Vitamin C, E, K und B, Eisen, Kalium, Kalzium, Kobalt, Kupfer, Magnesium, Mangan, Phosphor und Zink.
Besonderheiten: Die Blätter und Blüten der Walderdbeere haben einen fad süßen und leicht säuerlichen Geschmack, die Beeren sind intensiver im Aroma als die handelsübliche Ware. Die Inhaltsstoffe sind jedoch die gleichen.

nicht nutzbar | nicht nutzbar | nicht nutzbar | nicht nutzbar

Erika

Erica tetralix

Andere Bezeichnungen: Glockenheide, Heidekraut
Vorkommen: Dieses Heidekrautgewächs ist vor allem im atlantischen Europa beheimatet. Insgesamt sind mehr als 800 Arten bekannt. In Deutschland ist sie vor allem standorttypisch im Nordwestdeutschen Tiefland, auf torfigen Böden und nährstoffarmen Mooren. Insgesamt sind mehr als 800 Erika-Arten bekannt. Einige aus Afrika stammende werden auch als Kulturpflanze in unterschiedlichen Sorten für die herbstliche Bepflanzung von Gärten und Balkonen im Handel angeboten. Es gibt auch weiße Zuchtformen.
Beschreibung: Der immergrüne Zwergstrauch erreicht lediglich eine Höhe von bis zu 50 cm. Die Blätter sind nadelförmig und nur 3 bis 6 mm lang. Sie stehen sparrig vom Stängel ab und sind am Rand eingerollt. Der Blütenstand besteht aus 5 bis 15 rosa (erikafarbenen) Einzelblüten in der Form einer Glocke. Verwechslungen mit der Besenheide (*Calluna vulgaris*) sind möglich.
Verwertbare Teile: Keine.
Giftige Pflanzenteile: Keine.
Toxische Substanzen: Vermutlich ungiftig.
Besonderheit: Die Heidschnucke, eine sehr genügsame Schafrasse, ernährt sich vorwiegend von der Glockenheide.

Vorsicht

Auch wenn die Glockenheide vermutlich ungiftig ist, so handelt sich keinesfalls um eine Futterpflanze für Heimtiere. Von einer Verfütterung ist also abzuraten.

schwach giftig | *schwach giftig* | *schwach giftig* | *schwach giftig*

Estragon

Artemisia dracunculus

Andere Bezeichnungen: Bertram, Drabenkraut, Eierkraut, Kaisersalat, Schlangenkraut, Trabenkraut
Vorkommen: In ganz Südeuropa beheimatet, stammt Estragon ursprünglich aus dem Fernen Osten. Nahe mit dem Wermut verwandt, ist diese Pflanze aus der Familie der Korbblütler vor allem als Küchengewürz bekannt.
Beschreibung: Die mehrjährige, krautige, stark verzweigte Pflanze erreicht eine Wuchshöhe von 60 bis 150 cm, die Blätter sind lanzettlich und schmal, die Blüten unscheinbar kugelig und grünlich.
Verwertbare Teile: Junge Triebe.
Inhaltsstoffe: Die ätherischen Öle Estragol, Phellandren und Ocimen, außerdem Gerbstoffe und Bitterstoffe, aber auch Vitamin C, Zink und Jod.
Toxische Substanzen: Estragol, Asparagin und Thujon.
Vergiftungserscheinungen: Estragon enthält das krebsauslösende und erbgutschädigende Estragol und ist daher als Tierfutter zumindest umstritten. Die Menge, die aufgenommen werden muss, um schädigend zu wirken, ist jedoch sehr hoch.

Vorsicht

Da neben Estragol auch geringe Mengen Thujon und Asparagin in der Pflanze enthalten sind, sollten nur sehr geringe Mengen verfüttert werden.

als Futter sehr gut | als Futter sehr gut | weder giftig noch nutzbar | als Futter sehr gut

Feldsalat

Valerianella locusta

Andere Bezeichnungen: Rapunzeln, Ackersalat, Vogerlsalat, Lämmli, Mausohrsalat, Nüsslisalat
Vorkommen: Die Pflanze aus der Familie der Baldriangewächse wächst bevorzugt auf nährstoffreichen, lehmigen Böden, auf Äckern und an Wegrändern. Als Kulturpflanze für den Garten im Handel.
Beschreibung: Die einjährige, krautige Pflanze erreicht eine Wuchshöhe von 5 bis 15 cm. Die ovalen Blätter stehen in einer grundständigen Blattrosette, die kleinen, weiß bläulichen Blüten sind 5-zählig.
Verwertbare Teile: Blätter und Blüten.
Erntezeit: Salat von Oktober bis April, die Blüten von April bis Mai.
Inhaltsstoffe: Beta-Carotin, Vitamin C, B1, B2, B3, B6, E, Folsäure, ätherische Öle, Eisen, Kalzium, Magnesium, Kalium, Zink und Kupfer.
Besonderheiten: Stärkend gegen Infektionskrankheiten durch den Reichtum an Vitaminen und Mineralstoffen, kann aber leicht abführend und harntreibend wirken. Wird von Vögeln und Reptilien mit unterschiedlicher Begeisterung aufgenommen.

Vorsicht

Die im Handel erhältlichen Pflanzen sind oft nitratbelastet und sollten daher nicht in zu großen Mengen gefüttert werden. Nitrat kann gerade bei Nagetieren zu Blähungen und Durchfall führen.

als Futter sehr gut | als Futter sehr gut | nicht nutzbar | als Futter sehr gut

Fenchel

Foeniculum vulgare

Andere Bezeichnungen: Bitterfenchel, Wilder Fenchel
Vorkommen: Die Pflanze aus der Familie der Doldenblütler wächst in Europa wild und benötigt einen warmen Standort.
Beschreibung: Zweijährige, krautige Pflanze, die im zweiten Jahr den Blütenstand mit sattgelben Blüten ausbildet, erreicht eine Wuchshöhe von 1,50 m. Die Blätter sind fiedrig und hellgrün.
Verwertbare Teile: Die reifen Samen, die Knollen und Blätter.
Erntezeit: Die Samen von September bis November, die Blätter können fortlaufend geerntet werden, die Knollen vor dem Austreiben der Blüten.
Inhaltsstoffe: Ätherische Öle mit Anethol, Fenchon, Limen, Estragol, Flavonoide, Kieselsäure, Mineralsalze, Vitamin A, B, C und ganz geringe Spuren von Cumarinen.
Toxische Stoffe: Estragol und Cumarine in geringen Mengen.
Vergiftungserscheinungen: Der Inhaltsstoff Estragol gilt als krebserregend und erbgutschädigend. Die Menge, die aufgenommen werden muss, um schädigend zu wirken, ist jedoch sehr hoch und kann bei normalem, gelegentlichem Verfüttern nicht erreicht werden. Cumarin ist nur sehr schwach toxisch, würde in hoher Dosis zu Übelkeit, Schwindel und Benommenheit führen, weiter zu Blutgerinnungsstörungen und eventuell Leberschäden.

schwach giftig | schwach giftig als Futter geeignet | schwach giftig | nicht nutzbar

Fetthenne, Weiße

Sedum album

Andere Bezeichnungen: Mauerpfeffer, Tripmadam

Vorkommen: Dieses Dickblattgewächs kommt in ganz Europa bis Nordafrika und Nordasien vor, bevorzugt nährstoffarme Böden und wächst wild auf Fels und Mauerkronen.

Beschreibung: Die mehrjährige Pflanze bildet flache Polster. Die Blätter sind sehr verschieden in Form und Größe, von kugelig rund bis walzenförmig, mit Grün oder Rot unterlaufen.

Verwertbare Teile: Nicht blühende Triebe mit Blättern.

Erntezeit: Ganze Wachstumsperiode.

Inhaltsstoffe: Geringe Mengen der Alkaloide Sedacrin und Sedinin, Flavonoide, Gerbstoffe, organische Säuren, Vitamin C und Schleimstoffe.

Giftige Pflanzenteile: Alle.

Toxische Substanzen: Toxische Alkaloide Sedacrin und Sedinin, deren genauer Wirkungsmechanismus aber nicht bekannt ist.

Vergiftungserscheinungen: Schleimhautreizung, leichte Reizungen des Magen-Darm-Trakts mit Übelkeit und Erbrechen.

Erste Hilfe: Behandlung der Symptome, mit ernsthaften Vergiftungen ist nicht zu rechnen.

Besonderheiten: Der scharfe Mauerpfeffer (*Sedum acre*) hat die gleichen Inhaltsstoffe.

Vorsicht

Reptilien scheinen die Fetthenne gern und ohne Vergiftungsanzeichen zu fressen. Vergiftungsfälle wurden bisher in den Toxikologischen Instituten nicht angezeigt.

stark giftig | stark giftig | stark giftig | stark giftig

Fingerhut, Roter

Digitalis purpurea

Andere Bezeichnungen: Elfenkraut, Hexenblume, Schlangenblume, Teufelshut, Waldglöckchen

Vorkommen: Dieser Rachenblütler ist in West- und Mitteleuropa, besonders in Gebirgslagen und lichten Wäldern auf sandigen Lehmböden beheimatet. Auch als Zierpflanze in Gärten.

Beschreibung: Die zweijährige Pflanze hat einen 40 cm bis 1,20 m hohen, einfachen Stängel. Die Blätter sind eiförmig, gekerbt und filzig behaart. Die Blüten sind glockenförmig und in den Farben Purpur und seltener Weiß zu finden.

Verwertbare Teile: Keine.

Giftige Pflanzenteile: Alle, besonders die Blätter.

Toxische Substanzen: Unter anderen Stoffen herzaktive Glykoside: Purpureaglykosid A, B und andere, Digitoxin, Gitoxin und Gitaloxin; durch weitere Zuckerabspaltung die Aglycone: Digitoxigenin, Gitoxigenin, Steroidsaponine, Digitonin, Gitonin und andere; Gerbstoffe, Flavonoide.

Vergiftungserscheinungen: Herzrhythmusstörungen, Störungen des Magen-Darm-Trakts mit Übelkeit, Erbrechen und Durchfall, Reizbarkeit, Benommenheit, Taumeln, schließlich Tod durch Herzstillstand.

Erste Hilfe: Behandlung der Symptome und sofort den Tierarzt aufsuchen.

Besonderheiten: Auch im getrockneten Zustand oder gekocht verliert der Fingerhut seine Giftigkeit nicht!

Vorsicht

Die tödliche Dosis für einen mittelgroßen Hund liegt bei fünf getrockneten Blättern.

als Futter sehr gut | als Futter sehr gut | weder giftig noch nutzbar | als Futter sehr gut

Franzosenkraut

Galinsoga parviflora

Andere Bezeichnungen: Kleinblütiges Knopfkraut
Vorkommen: Dieses weitverbreitete Wildkraut aus der Familie der Korbblütler stammt ursprünglich aus Südamerika, ist aber fast weltweit an Äckern, häufig an offenerdigen Straßenrändern, auf Brachland und in Gärten als Unkraut zu finden.
Beschreibung: Die einjährige, krautige Pflanze erreicht eine Wuchshöhe bis 20 cm. Der Stängel ist nur leicht behaart, wo hingegen die Blütenstängel dichter behaart sind, allerdings nicht so zottig, wie die des behaarten Knopfkrauts. Die Blütenköpfchen weisen vier bis fünf weiße Zungenblüten auf, die um das gelbe Köpfchen angeordnet sind.
Verwertbare Teile: Blütenknospen und Blüten, Blätter, Kraut und Samen.
Erntezeit: Blüten ab Mai, die ganze Pflanze von Juli bis September, die Samen von Juli bis Oktober.
Inhaltsstoffe: Viel Kalium, Eisen, Magnesium, Kalzium, Vitamin A und C und sehr viel Mangan.
Giftige Pflanzenteile: Keine.
Besonderheiten: Die Pflanze schmeckt aromatisch nach Schnittsalat. Das ebenfalls bei uns vorkommende Behaarte Knopfkraut (*Galinsoga ciliata*) kann ebenfalls verfüttert werden, es besitzt die gleichen Inhaltsstoffe.

als Futter geeignet | als Futter geeignet | weder giftig noch nutzbar | weder giftig noch nutzbar

Frauenmantel

Alchemilla vulgaris

Andere Bezeichnungen: Tränenschön, Taublatt, Sinau, Taubecherl, Liebfrauenmantel, Frauenhilf, Herbstmantel, Perlkraut, Weiberkittel
Vorkommen: Das Rosengewächs ist in ganz Europa, Asien und Amerika beheimatet und wächst auf feuchten, lehmigen Wiesen, an Waldwegen und in Gräben. Auch als kultivierte Form im Garten.
Beschreibung: Die Blätter dieser horstbildenden, mehrjährigen, krautigen Pflanze erinnern an einen gefalteten Frauenumhang und im Zentrum der Blätter befindet sich ein einzelner Tautropfen. Die Pflanze wird etwa 45 cm hoch und blüht gelb.
Verwertbare Teile: Blüten und junge, hellgrüne Blätter.
Erntezeit: Blätter von April bis Juli, die Blüten von Mai bis Juni.
Inhaltsstoffe: Im Kraut: Gerbstoffe, Flavonoide, Bitterstoffe, Phytosterin, Glykoside und Saponine.
Besonderheiten: Die Pflanze schmeckt leicht kohlrabiartig und ist auf Grund des hohen Gerbstoffanteils für Heimtiere weniger unverträglich. Sie wird auch als gutes Viehfutter angesehen. Landschildkröten nehmen den Frauenmantel gerne als Futter.

Vorsicht

Der Frauenmantel ist keine Futterpflanze, eher eine Heilpflanze und sollte als solche behandelt werden. Nagetiere werden damit nach der Geburt gefüttert, um Gebärmutterentzündungen vorzubeugen.

als Futter sehr gut | als Futter sehr gut | weder giftig noch nutzbar | als Futter sehr gut

Gänseblümchen

Bellis perennis

Andere Bezeichnungen: Maßliebchen, Tausendschön, Marienblümchen
Vorkommen: Die in Mittel- und Nordeuropa vertretene kleine Blume aus der Familie der Korbblütler wächst auf fast allen Rasenflächen, auf Weiden und in Gärten.
Beschreibung: Die ausdauernde, krautige Pflanze wird nur 15 cm hoch und hat weißrosa Strahlenblüten mit gelben Scheibenblüten in der Mitte. Die Blätter sind olivgrün und spatenförmig.
Verwertbare Teile: Blüten, Blätter und Samen.
Erntezeit: März bis Oktober.
Inhaltsstoffe: Viel Kalium, Kalzium, Magnesium, Eisen, Vitamin A und C, ätherische Öle, Gerbstoffe, Saponine, Bitterstoffe, Schleimstoffe, Öle und Inulin.
Giftige Pflanzenteile: Blüten und Blätter.
Toxische Substanzen: Flavon und Cosmosiin, Saponine.
Vergiftungserscheinungen: Übelkeit, Durchfall, Krämpfe. Die Saponine wirken entzündungshemmend, haben jedoch schon in geringen Mengen eine blutauflösende Wirkung.
Erste Hilfe: Behandlung der Symptome, mit starken Vergiftungen ist nicht zu rechnen.
Besonderheiten: Die geöffneten Blüten schmecken leicht bitter, die halb geschlossenen nussig. Bei einer ausgewogenen, abwechslungsreichen Fütterung mit geringen Mengen an Gänseblümchen ist mit einer gesundheitlichen Gefährdung nicht zu rechnen.

Vorsicht

Gänseblümchen wirken leicht abführend.

stark giftig | stark giftig | stark giftig | stark giftig

Geißraute

Galega officinalis

Andere Bezeichnungen: Bockskraut, Fleckenkraut, Pockenraute, Suchtkraut, Ziegenraute, Geißklee
Vorkommen: Dieser Schmetterlingsblütler wächst in Mittel-, Süd- und Osteuropa, bis nach Vorderasien, bevorzugt auf feuchten, lehmigen Wiesen.
Beschreibung: Die mehrjährige, krautige Pflanze hat einen hohlen, geriffelten Stängel und kann 1 m hoch werden. Die Laubblätter sind unpaarig gefiedert, die rosaroten oder bläulichen Blüten wachsen im traubigen Blütenstand, sind 9 bis 15 mm groß und purpurn geädert. Die 3 cm langen Hülsenfrüchte enthalten flache, braune Samen.
Inhaltsstoffe: Alkaloid Galegin, ein Guanidin-Derivat, Glykosid Galuteolin, Gerbstoffe, Saponine und Bitterstoffe.
Giftige Pflanzenteile: Alle.
Toxische Substanzen: Galegin und Hydroxigalegin, Galuteolin, Saponine und weitere unidentifizierte Toxine.
Vergiftungserscheinungen: Blutdruckabfall, Krämpfe, Ausfluss aus Nase und Maul, Husten, Lähmungen.
Erste Hilfe: Behandlung der Symptome, den Tierarzt aufsuchen.
Besonderheiten: Giftstoffe bleiben nach der Trocknung zu Heu erhalten. In frischem Zustand wird die Pflanze aber von den meisten Tieren gemieden. Die Geißraute ist nur tiergiftig!

Vorsicht

Während der Fruchtbildung und der Blütezeit ist der Giftgehalt am höchsten.

als Futter sehr gut | als Futter sehr gut | weder giftig noch nutzbar | als Futter sehr gut

Giersch

Aegopodium podagraria

Andere Bezeichnungen: Geißfuß, Ziegenfuß, Zaungiersch, Schettele, Gichtkraut, Zipperleinkraut, Podagrakraut
Vorkommen: Die mehrjährige Pflanze erreicht eine Höhe von 30 cm bis 1 m und wächst gerne auf feuchtem Boden in schattigen Lagen auf Wiesen, Äckern und Wäldern in fast ganz Europa.
Beschreibung: Der Wuchs ist aufrecht mit einem dreikantigen, gefurchten Stängel, die Fiederblätter sind eiförmig, länglich und scharf gesägt, die Blätter der ersten Ordnung ähneln einem Ziegenfuß. Die Blüten sind klein und weiß und wachsen in zusammengesetzten Dolden, die Früchte sind kümmelähnlich.
Verwertbare Teile: Blätter, Blüten, Wurzeln und Früchte.
Erntezeit: Die Blattschösslinge von März bis April, die zarten Blätter nahezu das ganze Jahr. Die Früchte von Juli bis September, die Wurzeln ganzjährig.
Inhaltsstoffe: Kalium, Kalzium, Zink, Mangan, Kupfer und sehr viel Vitamin A, C und Eiweiß. Zudem Harze, ätherische Öle, Flavonoide und Phenolcarbonsäuren.
Besonderheiten: Gierschblätter werden auch in der Küche vor allem als Salatbeigabe verwendet. Der Geschmack erinnert an Möhren mit Petersilie und wird von vielen Tieren gerne genommen. Selbst Landschildkröten fressen sehr gerne auch die Wurzeln.

stark giftig | stark giftig | stark giftig | stark giftig

Gnadenkraut, Gottes-

Gratiola officialis

Andere Bezeichnungen: Echtes Purgierkraut, Magenkraut, Gichtkraut
Vorkommen: Verbreitet in ganz Europa, Skandinavien, Großbritannien, bis in den Balkan bevorzugt diese Pflanze aus der Familie der Wegerichgewächse Standorte an periodisch trockenen Teichen, kiesigen Seeufern und Feuchtwiesen.
Beschreibung: Die mehrjährige, krautige Pflanze wächst mit kurzen Ausläufern und aufrechten Stängeln bis zu 60 cm hoch und erscheint kahl. Die gegenständigen Blätter sind schmal, eiförmig, scharf gesägt und drüsig punktiert. Die weißen Blüten erscheinen einzeln in den Blattachseln, die Früchte sind kugelig und braun.
Verwertbare Teile: Keine.
Giftige Pflanzenteile: Alle.
Toxische Substanzen: Triterpene wie Gratiosid, Gratiogenin, Gratiolignin, Elaterinid, Glykoside der Cucurbitacine I und L sowie die entsprechenden Aglyka. Betulinsäure, Elaterase, Flavonoide, Phenolcarbonsäurederivate wie Arenariosid und Verbascosid, wenig ätherisches Öl, Saponine, Mannitol. Die Cucurbitacine sind zytotoxisch, lokal reizend und laxierend.
Vergiftungserscheinungen: Reizungen des Magen-Darm-Trakts mit Übelkeit, Erbrechen und oft blutigen Durchfällen, Speichelfluss, Krämpfe, Entzündungen der Nieren, Lähmung der Herztätigkeit und der Atmung mit Todesfolge.
Erste Hilfe: Behandlung der Symptome, Medizinalkohle, Tierarzt aufsuchen.
Besonderheiten: Früher in der Volksheilkunde verwendet bei Verstopfung, Gicht und Leberleiden sowie als harntreibendes Mittel und bei Hauterkrankungen. Das Gottes-Gnadenkraut ist eine seltene, geschützte Pflanze!

giftig | stark giftig | stark giftig | giftig

Goldregen, Gewöhnlicher

Laburnum anagyroides

Andere Bezeichnungen: Bohnenbaum, Gelbstrauch, Goldrausch, Kleebaum
Vorkommen: Ursprünglich in Süd-, Südosteuropa beheimatet, ist dieser Schmetterlingsblütler bis nach Südschweden hin verwildert.
Beschreibung: Baumähnlicher Strauch, der bis zu 7 m hoch werden kann, mit glatter Rinde. Die Laubblätter sind langstielig, 3-geteilt und dunkelgrün. Die gelben Schmetterlingsblüten sind etwa 2 cm groß. Die Fruchthülsen sind dunkelgrün oder braun und enthalten bis zu 18 dunkelbraune, flache Samen.
Giftige Pflanzenteile: Alle, besonders Wurzeln, Blüten und Samen.
Toxische Substanzen: Chinolizidinalkaloide und das Hauptalkaloid Cytisin und Methylcytisin, außerdem Pyrrolizidinalkaloide Laburnin, Laburnamin.
Vergiftungserscheinungen: Cytisin wirkt erst erregend, dann lähmend auf das Zentrale Nervensystem und hat schlimmstenfalls den Atemstillstand zur Folge. Zudem Brennen in Mund und Rachen, Übelkeit mit Erbrechen und Magen-Darm-Krämpfen sowie zum Teil blutiger Durchfall. Apathie, Blindheit, Koma und Tod.
Erste Hilfe: Behandlung der Symptome, unbedingt den Tierarzt aufsuchen.
Besonderheiten: Der Tod eines Hundes kann innerhalb von 60 Minuten nach Kauen eines Goldregenastes eintreten. Nagetiere und Vögel zeigen eine größere Gifttoleranz.

Vorsicht
Die Alkaloidkonzentration ist in den reifen Samen am höchsten.

weder giftig noch nutzbar | *weder giftig noch nutzbar* | *weder giftig noch nutzbar* | *als Futter sehr gut*

Goldrute, Kanadische

Solidago canadensis

Andere Bezeichnungen: Goldraute, Heidnisches Wunderkraut, Unsegenkraut
Vorkommen: Die Pflanze aus der Familie der Korbblütler ist ursprünglich in Nordamerika beheimatet und bevorzugt nährstoffreichen Lehm- oder Tonboden. Wächst weit verbreitet in Auenwäldern, Flusstälern, auf Waldwiesen, an Wegrändern und in Gärten, wird gerne als Bienenweide kultiviert.
Beschreibung: Die mehrjährige, krautige Pflanze hat einen hohen, schlanken Stängel mit einer Wuchshöhe von bis zu 2,5 m und breite lanzettliche Blätter mit gezähnten Rändern am vorderen Ende. Die Blütenstände sind goldgelb, struppig, in schmalen Rispen angeordnet, die sich bogig krümmen.
Verwertbare Teile: Triebspitzen, Stängel und Blüten.
Erntezeit: Triebspitzen und Stängel von April bis Juni, die Blüten von Juli bis Oktober.
Inhaltsstoffe: Flavonoide, Saponine, Gerbsäure, ätherische Öle. Die Saponine können in großen Mengen Magen-Darm-Beschwerden auslösen.
Besonderheiten: Der Geschmack der Triebspitzen erinnert an grüne Bohnen, die Blüten sind herb und honigartig.

Vorsicht

Über die Verfütterung an Reptilien und Nagetiere gibt es keine gesicherten Erkenntnisse. Vögel vertragen die Pflanze sehr gut und nehmen sie gerne.

stark giftig | stark giftig | stark giftig | stark giftig

Greiskraut, Jakobs-; Schmalbättriges

Senecio jacobaea und *S. inaequidens*

Andere Bezeichnung: Kreuzkraut
Vorkommen: Ursprünglich in Südafrika beheimatet, ist diese Pflanze aus der Familie der Korbblütler fast weltweit an Wegrändern, auf naturbelassenen Viehweiden, trockenen Wiesen und an Waldrändern zu finden.
Beschreibung: Die krautige Pflanze erreicht eine Wuchshöhe von 30 cm bis 1 m und hat schmale, fiedrige Blätter und gelbe Blüten, die in großer Zahl im oberen Teil sitzen und aus Blütenkörbchen mit Zungen- und Röhrenblüten bestehen.
Giftige Pflanzenteile: Alle.
Toxische Substanzen: Pyrrolizidinalkaloide mit hepatotoxischer (leberschädigender), kanzerogener (krebserregender) und mutagener (erbgutverändernder) Eigenschaft.
Vergiftungserscheinungen: Für Vergiftungen uncharakteristischer Verlauf mit Mattigkeit, Appetitlosigkeit, später Ödemen im Bauch, Schädigung der Lunge und vor allem der Leber.
Erste Hilfe: Behandlung der Symptome, Medizinalkohle, den Tierarzt aufsuchen.
Besonderheiten: Die jüngeren Pflanzen sind giftiger als die größeren, enthalten allerdings ein Bitterprinzip, das viele Tiere davon abhält, sie zu fressen.

Vorsicht

Die Alkaloide verlieren ihre Giftigkeit nicht bei der Trocknung und sind somit vor allem für die Nagetiere sehr gefährlich, die mit Heu aus der Eigenproduktion versorgt werden.

als Futter sehr gut | weder giftig noch nutzbar | weder giftig noch nutzbar | als Futter sehr gut

Hasel, Gewöhnlicher

Corylus avellana

Vorkommen: In Europa, dem Kaukasus und Kleinasien in Laubwäldern und an Waldrändern.
Beschreibung: Der Strauch oder Baum wird bis zu 6 m hoch, die Blätter sind rundlich und vorne zugespitzt. Die männlichen Blütenstände zeigen sich als Kätzchen, die weiblichen sind unscheinbar und als kleine Büschel roter Narben an den Zweigen zu erkennen. Die Früchte sind einsamige Nüsse.
Verwertbare Teile: Blätter, frische Triebe, Knospen, Blüten, Früchte und die Rinde.
Erntezeit: Im Februar die frischen Knospen, die Nüsse kann man ab September oder Oktober ernten.
Inhaltsstoffe: In den Blättern ätherische Öle und Sitosterin, in den Nüssen Phytosterine, Salicylsäure, fettes Öl, das reich an essenziellen Fettsäuren ist, Eiweiß, Vitamin B1, B2 und E, Kalzium, Magnesium, Mangan, Silizium, Phosphor, Kalium und viele Spurenelemente.
Besonderheiten: Die dicken Zweige eignen sich hervorragend als Sitzstangen für größere Vögel und Nagematerial für Kaninchen und Meerschweinchen. Die Äste können auch im Winter schon in einer Blumenvase im Warmen austreiben.

Vorsicht

Wegen des hohen Fettgehalts sollten die Nüsse nur in geringen Mengen als Leckerbissen verfüttert werden.

stark giftig | stark giftig | stark giftig | stark giftig

Herbst-Zeitlose

Colchicum autumnale

Andere Bezeichnungen: Giftkrokus, Herbstblume, Herbstlilie, Nackte Jungfer, Spinnblume, Lichtblume, Michelwurz, Winterhauch, Wiesensafran
Vorkommen: Das Zeitlosengewächs stammt aus dem östlichen Mittelmeerraum und ist auch verbreitet in Süd-, Mittel- und Westeuropa; bevorzugt feuchte Wiesen.
Beschreibung: Die mehrjährige Pflanze bildet im Herbst eine blassrosa Blüte. Die länglichen, 30 cm langen Laubblätter entwickeln sich im folgenden Frühjahr.
Verwertbare Teile: Keine.
Giftige Pflanzenteile: Alle.
Toxische Substanzen: Alkaloid Colchicin schädigt den sich teilenden Zellkern und die neu entstehenden Zellen, 19 weitere Alkaloide.
Vergiftungserscheinungen: Reizungen der Schleimhäute und des Magen-Darm-Trakts mit Übelkeit, Erbrechen und zum Teil blutigem Durchfall sowie Darmkrämpfen, Schluckbeschwerden, starker Durst, Kreislaufstörungen bis zum Kollaps, Tod durch Atemlähmung.
Erste Hilfe: Behandlung der Symptome, Medizinalkohle, unbedingt sofort zum Tierarzt.
Besonderheiten: Alkaloidgehalt nimmt mit der Reife zu und mit zunehmender Höhenlage des Wuchsortes ab. Letale Dosis bei Säugetieren 0,125 mg Colchicin pro kg Körpergewicht.

Vorsicht

Beim Trocknen bleibt die Giftwirkung erhalten, was vor allem für Nagetiere gefährlich ist, die Heu aus der Eigenproduktion bekommen.

als Futter sehr gut | *als Futter sehr gut* | *weder giftig noch nutzbar* | *als Futter sehr gut*

Himbeere

Rubus idaeus

Vorkommen: Das Verbreitungsgebiet dieses Rosengewächses umfasst ganz Europa. Es gedeiht auf Waldlichtungen, an Feldrainen, Wegrändern und in Gärten, auch als Kulturformen.
Beschreibung: Himbeersträucher erreichen eine Höhe von 1 bis 2 m, die Ruten sind mit feinen Stacheln besetzt, die ovalen, gefiederten Blätter laufen spitz zu und haben einen gezackten Rand. Sie bilden rispenförmige Blütenstände mit weißen Blüten aus, die Frucht ist mittel- bis dunkelrot, weich und botanisch gesehen keine Beere, sondern eine Sammelsteinfrucht. Es gibt auch Zuchtformen mit gelben und schwarzen Früchten.
Verwertbare Teile: Blätter, Blüten und Früchte.
Erntezeit: Blätter ab April, die Blüten von Mai bis Juni und die Beeren von August bis September, bei herbsttragenden Kultursorten bis Dezember.
Inhaltsstoffe: Blätter: Gerbstoffe, Flavonoide, Kalium, Magnesium, Mangan, Eisen, Vitamin C und E, Aromastoffe. Beeren: Kalium, Phosphor, Eisen, Kalzium, Magnesium, Vitamin A, B und C, natürliches Pektin.
Besonderheiten: Blätter können ohne Bedenken verfüttert werden, auch getrocknet, wohingegen die Früchte auf Grund des hohen Zuckergehalts Heimtieren nur selten gegeben werden sollten.

als Futter sehr gut | als Futter sehr gut | weder giftig noch nutzbar | als Futter sehr gut

Hirtentäschelkraut, Gewöhnliches

Capsella bursa-pastoris

Andere Bezeichnungen: Herzkraut, Taschenkraut, Schneiderbeutel, Schinkenkraut, Säcklichrut, Löffeli, Bauernsenf, Geldbeutel, Täschenkraut, Schinkensteel, Kochlöffel, Herzkreitsche, Hellerkraut, Himmelmutterbrot

Vorkommen: Pionierpflanze, aus der Familie der Kreuzblütengewächse, auf nährstoffreichen Böden an Wegrändern, auf Äckern und Ödland.

Beschreibung: Die ein- bis zweijährige, krautige Pflanze wird bis zu 50 cm hoch, die Grundblätter, in Form einer Rosette, sind schmal, lanzettlich, fiederspaltig, darüber wächst der Stängel, an dem sich lang gestielte, taschenförmige, dreieckige Schoten befinden, die in der Form an Herzen erinnern. Die Blüten sind weiß, wachsen in Trugdolden; Blütezeit fast ganzjährig.

Verwertbare Teile: Blätter, Blüten, Samen, reif und unreif.

Erntezeit: Blätter, Blüten, Samentaschen und Triebe von März bis Juni.

Inhaltsstoffe: Aminosäuren, Saponine, Flavonoide, organische Säuren, Senfölglykoside, Kaffeesäure-Derivate, Kalzium, Kalium, Alkaloide, Gerbstoffe und Cholin, Vitamin C in den Blättern. Das Kraut wirkt blutstillend.

Besonderheiten: Sowohl grüne als auch reife Samentaschen und Blätter werden von Tieren gerne genommen.

Vorsicht

Hirtentäschelkraut gilt als wehenfördernd, daher nicht an trächtige Tiere verfüttern.

giftig
als Futter geeignet

nicht nutzbar

nicht nutzbar

giftig
als Futter sehr gut

Holunder, Schwarzer

Sambucus nigra

Andere Bezeichnungen: Holder, Holler
Vorkommen: An Waldrändern und in Siedlungen auf stickstoffreichen Böden.
Beschreibung: Der Holunder ist ein schnell wachsender Strauch, der eine Höhe von 15 m erreichen kann. Die Blätter sind oval, spitz zulaufend, die Blüten sind weiß.
Verwertbare Teile: Blüten und Früchte.
Erntezeit: Blüten von Mai bis Juni, die Beeren von August bis September.
Inhaltsstoffe: Blüten: Ätherische Öle, hoher Anteil an freien Fettsäuren, Flavonoide, Gerbstoffe und Schleime, hoher Anteil an Kaliumsalzen. Früchte: ätherische Öle, Flavonoide, Anthocyane, Zucker, Fruchtsäuren, Vitamin B3 und C, Folsäure.
Toxische Substanzen: Blätter und Rinden enthalten Blausäureglykoside, die Früchte zusätzlich Chlorogensäure.
Vergiftungserscheinungen: Unreife, rohe reife Früchte und Blätter können Durchfall und Übelkeit mit Krämpfen hervorrufen, Blausäure blockiert die Atmungskette, daher Tod durch Atemlähmung.
Erste Hilfe: Behandlung der Symptome, den Tierarzt aufsuchen.
Besonderheiten: Reife, getrocknete Beeren sind Bestandteil vieler Körnermischungen für Vögel.

Vorsicht

Die Blüten sind unbedenklich. Rinde und Blätter enthalten Blausäure und eignen sich nicht zum Knabbern für Vögel oder Nagetiere.

schwach giftig als Futter geeignet | schwach giftig als Futter geeignet | nicht nutzbar | schwach giftig als Futter gut

Huflattich

Tussilago farfara

Andere Bezeichnungen: Eselshuf, Butterblätter, Hustenkraut, Brustlattich, Heilblatt, Rosslattich, Hoflörich, Tabakkraut, Sandblume
Vorkommen: Der Korbblütler wächst in ganz Europa, Asien, Nordamerika und Nordafrika auf nährstoffreichen, kalkhaltigen Böden, oft auch auf Steinschutt, an Wegrändern und Ufern.
Beschreibung: Einjährige Pflanze bis etwa 30 cm Höhe mit haarigen, herz- oder hufförmigen Blättern, die sich erst nach der Blütezeit bilden. Die korbförmigen Blüten sind hellgelb und sitzen auf dicken, rötlich geschuppten, filzigen Stängeln.
Verwertbare Teile: Blätter, Knospen, Blüten.
Erntezeit: Von März bis Juli.
Inhaltsstoffe: Saure Schleimstoffe, Inulin, Gerbstoffe, Flavonoide. Es gibt Hinweise darauf, dass die Pflanze nur bei schlechten Wachstumsbedingungen Pyrrolizidinalkaloide bildet.
Toxische Substanzen: Pyrrolizidinalkaloide.
Vergiftungserscheinungen: Pyrrolizidinalkaloide können in größeren Mengen leberschädigend wirken, was aber bei einer abwechslungsreichen Fütterung nicht ins Gewicht fällt, zumal der toxische Stoff nicht in jeder Pflanze vorhanden ist.
Besonderheiten: In der Pflanzenheilkunde wird der Huflattich gegen Husten verwendet, weil er auf entzündete Schleimhäute reizlindernd wirkt. Der Tierhalter muss entscheiden, ob er Huflattich an seine Tiere verfüttern möchte. Auf jeden Fall sollte er aber trächtigen und säugenden Tieren nicht gegeben werden.

stark giftig | stark giftig | stark giftig | stark giftig

Hundspetersilie

Aethusa cynapium

Andere Bezeichnungen: Gartenschierling, Gartengleiße, Glanzpeterlein, Tollpetersilie
Vorkommen: Beheimatet in ganz Europa, dem Kaukasus, der Nordtürkei und Algerien, bevorzugt an Wegen, auf Äckern und Schuttplätzen auf stickstoffhaltigem Boden.
Beschreibung: Die krautige, einjährige Pflanze wird bis zu 1 m hoch, hat einen hohlen, fein gestreiften Stängel, der sich nach oben gabelig verästelt. Die 2- bis 3-fach fiedrigen, glänzenden Blätter riechen beim Zerreiben unangenehm. Die weißen Blüten wachsen in strahligen Dolden.
Verwertbare Teile: Keine.
Giftige Pflanzenteile: Alle.
Toxische Substanzen: Aethusin und andere Polyine, das Alkaloid Coniin.
Vergiftungserscheinungen: Speichelfluss, Brennen im Maul, Fressunlust, Reizungen des Magen-Darm-Trakts mit Krämpfen, erst verlangsamter, dann erhöhter Puls, Erregung, Keuchen, Lähmung bis zur Atemlähmung mit Todesfolge.
Erste Hilfe: Behandlung der Symptome, Medizinalkohle, unbedingt den Tierarzt aufsuchen.
Besonderheiten: Die toxischen Stoffe der Hundspetersilie verlieren im getrockneten Zustand an Wirkung.

Vorsicht

Verwechslungen mit der Petersilie sind möglich, allerdings riecht die Pflanze sehr unangenehm, daher sind Vergiftungen eher selten.

weder giftig noch nutzbar | als Futter geeignet | weder giftig noch nutzbar | als Futter sehr gut

Hundsrose

Rosa canina

Andere Bezeichnungen: Hagebutte, Hägen, Hiffen, Hiften, Rosenäpfel, Hetscherl
Vorkommen: In Wäldern, Gärten und Hecken, vor allem auf der Nordhalbkugel auf mäßig trockenen Böden, an lichten bis halbschattigen Standorten.
Beschreibung: Der Strauch erreicht eine Höhe von bis zu 3 m mit bogig überhängenden Ästen. Die Blätter sind oval mit gezacktem Rand und frischer, grüner Farbe. Die zahlreichen Blüten haben 5 Kronblätter, in den Farbabstufungen von dunkelrosa bis ganz weiß. Alle Rosengewächse bilden als Früchte die Hagebutten aus, die sehr variabel von stark länglich-oval bis kugelrund sein können, mit Fruchtfleisch in allen Schattierungen von Orange bis zu fast Schwarz.
Verwertbare Teile: Blüten und Früchte.
Erntezeit: Blüten im Juni, Früchte im September.
Inhaltsstoffe: Die Früchte enthalten sehr viel Vitamin C, ebenso Vitamin A, K, P und B-Vitamine, Pektine, Zucker, Fruchtsäuren, Gerbstoffe, ätherische Öle, Carotinoide und rot-gelbe Farbstoffe.
Besonderheiten: Alle mitteleuropäischen Rosenarten können ebenso verfüttert werden. In einigen Teilen Österreichs ist die Hundsrose so selten, dass man dort nicht sammeln sollte.

Vorsicht

Die Nüsschen im Inneren der Frucht lösen bei Hautkontakt Juckreiz aus, daher auch der Name Juckpulver. Vögel reagieren nicht empfindlich darauf und nehmen diese Frucht sehr gerne. Die Blüten können an pflanzenfressende Reptilien verfüttert werden.

als Futter sehr gut | als Futter sehr gut | weder giftig noch nutzbar | als Futter sehr gut

Johannisbeere, Rote

Ribes rubrum

Andere Bezeichnungen: Wimmelkes, Meertrübli, Ribisel
Vorkommen: Fast weltweit verbreiteter Strauch, bevorzugt aber in den gemäßigten Breiten der Nordhalbkugel. Die Johannisbeere wird hauptsächlich als Obstgehölz in Gärten angepflanzt, kommt aber eher selten auch wildwachsend oder ausgewildert vor.
Beschreibung: Der sommergrüne Strauch erreicht eine Höhe bis zu 1,5 m, die wechselständig angeordneten Laubblätter sind gestielt und 3- bis 5-fach gelappt. Der Blütenstand ist eine vielblütige Traube, die saftigen, roten, kugeligen Früchte wachsen in Rispen.
Verwertbare Teile: Zweige, Knospen, reife Beeren.
Erntezeit: Zweige übers ganze Jahr, die Knospen im März und April, die reifen Früchte Juli und August.
Inhaltsstoffe: Glucose, Fructose, Pektin, Eiweiß, Kalzium, Kalium, Magnesium, Phosphor, Eisen, Vitamin E, Flavonoide, die Blätter sind sehr eiweißhaltig.
Besonderheiten: Frische Knospen werden von fast allen Vögeln gut angenommen, die Vorliebe für die Beeren schwankt. Die Blätter werden allerdings von fast allen Nagetieren, Vögeln und Reptilien gerne gefressen.

Vorsicht

Da die Beeren viel Glucose enthalten, also sehr zuckerhaltig sind, sollten sie nur als Leckerbissen verfüttert werden. Ob die Zierjohannisbeeren ebenfalls verfüttert werden können, ist strittig.

 als Futter sehr gut |  als Futter sehr gut |  weder giftig noch nutzbar |  als Futter sehr gut

Johannisbeere, Schwarze

Ribes nigrum

Andere Bezeichnungen: Wanzenbeere, Bocksbeere

Vorkommen: Wilde Formen der schwarzen Johannisbeere finden sich von England bis Nordchina und als Kulturpflanze in den Gärten der gemäßigten Breiten.

Beschreibung: Der kräftige, unangenehm riechende Strauch wird bis zu 2 m hoch, mit wechselständigen 3- bis 5-fach gelappten Blättern, deren Rand grob gesägt ist. Die Blattunterseite ist mit gelblichen Harzdrüsen besetzt. Die gestielten Blüten stehen in vielblütigen, achselständigen Trauben, aus den Fruchtknoten entwickeln sich die mehrsamigen, kugeligen, schwarzen Beeren.

Verwertbare Teile: Beeren.

Erntezeit: Mai bis Juni.

Inhaltsstoffe: Sehr viel Vitamin C, Kalium, Kalzium, Phosphor, B-Vitamine, Gerbstoffe, Pektine, der Farbstoff enthält Carotinoide, die Blätter sind sehr eiweißhaltig.

Besonderheiten: Johannisbeeren enthalten keine toxischen Substanzen, die Beeren können an Nagetiere frisch oder getrocknet als Leckerbissen verabreicht werden. Auch Schildkröten fressen die Blätter frisch oder getrocknet. Viele Tiere lehnen aber die Blätter ab, da diese einen unangenehmen Geruch verströmen.

Vorsicht

Die Beeren nur in geringen Mengen verfüttern, da sie sehr viel Zucker enthalten.
Ob die Zierjohannisbeeren ebenfalls verfüttert werden können, ist strittig.

als Futter gut | als Futter gut | als Futter gut | als Futter gut

Johanniskraut

Hypericum perforatum

Andere Bezeichnungen: Hartheu, Mannskraft, Sonnwendkraut, Hexenkraut, Johannisblut, Frauenkraut, Herrgottsblut, Wundkraut
Vorkommen: Wächst an sonnigen Gebüschrändern, Wegen und Waldlichtungen, fast weltweit.
Beschreibung: Die ein- bis mehrjährige, buschige Pflanze wird 30 bis 60 cm hoch. Aus den Blütenspitzen fließt „Blut", wenn man sie reibt, was sie unverwechselbar macht. Die Blätter sind zackenförmig, mit durchsichtigen Öldrüsen.
Verwertbare Teile: Blätter und Triebspitzen.
Erntezeit: April bis Juli.
Inhaltsstoffe: Blüten und Knospen: Naphthodianthrone und Phloroglucinole, Hypericin, ein rot fluoreszierendes Pigment, und Pseudohypericin, Flavonoide mit Hyperosid, ätherische Öle, Gerbstoffe, antibiotisch wirksame Verbindungen, Phenolcarbonsäuren.
Toxische Substanzen: Hypericin.
Vergiftungserscheinungen: Hypericin wird resorbiert, in der Haut eingelagert und durch Lichteinfall zur Fluoreszenz angeregt. Die dadurch ausgelösten Oxidationsprozesse führen zu Zellschädigung und Entzündung, einer primären Fotosensibilisierung (Lichtüberempfindlichkeit) über längere Zeit.
Besonderheiten: Die Toxizität bleibt zu etwa 20 % auch im Heu enthalten.

Vorsicht

Johanniskraut kann bei Albinotieren oder solchen mit besonders heller Haut eine Überempfindlichkeit auf Sonnenlicht mit Sonnenbrand und Blasenbildung hervorrufen.

als Futter gut | als Futter geeignet | als Futter geeignet | als Futter sehr gut

Kamille, Echte

Matricaria chamomilla L., syn. *M. recutita*

Andere Bezeichnungen: Matrosenkraut, Hermännchen, Apfelkraut, Feldkamille, Mariamagdalenakraut, Gramille, Haugenblume, Helmriegen, Kamelle, Kammerblume, Laugenblume, Muskatblume
Vorkommen: Die Pflanze aus der Familie der Korbblütler wächst in fast ganz Europa und weiten Teilen Asiens auf lehmreichen Äckern.
Beschreibung: Krautige, aromatisch duftende Pflanze bis 30 bis 40 cm Höhe, mit fein verästelten, gefiederten Blättern. Die Blüten sitzen an den Enden der Sprossachsen und bestehen aus gelben Röhrenblüten, umgeben von weißen Zungenblüten.
Verwertbare Teile: Blätter, Blüten, Blütenknospen und Samen.
Erntezeit: Blüten von Mai bis September.
Inhaltsstoffe: Blaues ätherisches Öl, das Azulen, Flavonoide (Apigenin), Cumarine, Schleimstoffe, Polysaccharide enthält.
Giftige Pflanzenteile: Alle.
Toxische Substanzen: Cumarine in ganz geringen Maßen.
Besonderheiten: Die echte Kamille gehört zu den wenigen Pflanzen, die auch bei dauerhafter Gabe ihre Heilwirkung nicht verlieren. Sie hilft bei Magen-Darm-Beschwerden und kann getrocknet im Heu verfüttert werden.

Vorsicht

Verwechslungen mit der Hundskamille (*Anthemis*) sind möglich, die Stängel sind allerdings weicher und saftig und der Blütenboden der echten Kamille ist hohl.

als Futter gut | als Futter gut | nicht nutzbar | als Futter gut

Kapuzinerkresse

Tropaeolum majus

Vorkommen: Ursprünglich in Südamerika beheimatet, hierzulande ein unkomplizierte, beliebte Garten- und Balkonpflanze für den Sommer.
Beschreibung: Die einjährige, kriechende oder auch kletternde Pflanze hat auffallend runde, sattgrüne Blätter und trichterförmige, attraktive Blüten in den Farben Orange, Gelb und Rot. Drei Fruchtstände sind zu einem oberständigen Fruchtknoten verwachsen.
Verwertbare Teile: Blätter, Blüten und Samen.
Erntezeit: Ab Mai bis zum ersten Frost.
Inhaltsstoffe: Senfölglykoside, Benzylsenföle, viel Vitamin C und Schwefel.
Giftige Pflanzenteile: Alle.
Toxische Substanzen: Senfölglykoside, Benzylsenföle.
Vergiftungserscheinungen: Reizung des Magen-Darm-Trakts bei Verzehr größerer Mengen. Schwerwiegende Vergiftungen sind jedoch unwahrscheinlich.
Erste Hilfe: Behandlung der Symptome, bei stärkeren Beschwerden den Tierarzt aufsuchen.
Besonderheiten: Die Pflanze besitzt eine allgemein abwehrsteigernde und antibakterielle Wirkung. Blätter und Blüten haben einen würzigen Geschmack und werden gern in der Küche zu Salaten verwendet und auch ausgesprochen gerne von Reptilien gefressen.

Vorsicht

Das Benzylsenföl der Kapuzinerkresse kann beim Verzehr größerer Mengen, vor allem, wenn die Kresse als Alleinfutter gereicht wird, zu gastrointestinalen Reizungen führen.

als Futter gut | als Futter sehr gut | weder giftig noch nutzbar | als Futter sehr gut

Kerbel, Garten-

Anthriscus cerefolium

Vorkommen: Der Doldenblütler hat seine Heimat im westlichen Asien und dem Kaukasus und kam über den Mittelmeerraum nach Europa. Die Wildsippe wächst in Mitteleuropa bevorzugt an Wegrändern und Ruderalstellen. Kerbel ist ein Würzkraut in der Küche und gedeiht auch sehr gut auf dem Fensterbrett.
Beschreibung: Die einjährige, buschige Pflanze wird bis zu 60 cm hoch und wächst auf nährstoffarmen Böden. Die mehrfach gefiederten Blätter sind weich, sehr zart und hellgrün und leicht mit Möhrenkraut zu verwechseln, die Blütendolden sind klein, weißlich und in Doppeldolden angeordnet, der Fruchtstiel ist stark verdickt, die Früchte sind walzenförmig, glatt glänzend und schwärzlich.

Verwertbare Teile: Kraut.
Erntezeit: April bis in den Herbst.
Inhaltsstoffe: Vitamin C, Bitterstoffe, ätherische Öle.
Besonderheiten: Die Pflanze sollte vor der Blüte geerntet werden, danach wird der Geschmack beeinträchtigt. Der Wiesenkerbel (*Anthriscus sylvestris*) kann ebenfalls verfüttert werden und besitzt die gleichen Inhaltsstoffe. Für Nagetiere ist Kerbel nur bedingt als Futterpflanze geeignet, da der Gartenkerbel sehr viele ätherische Öle enthält. Reptilien und Vögel sind weniger empfindlich und nehmen ihn ausgesprochen gerne.

Vorsicht

Es besteht Verwechslungsmöglichkeit mit einigen anderen, giftigen Doldenblütlern wie Hundspetersilie oder Schierling.

schwach giftig als Futter geeignet	schwach giftig als Futter geeignet	nicht nutzbar	schwach giftig als Futter gut

Kirsche

Prunus avium

Andere Bezeichnungen: Vogelkirsche
Vorkommen: Beheimatet in Europa und Westasien, bis zum Kaukasus, in Gärten, auch wild an Feld- und Wegrändern auf nährstoff- und kalkhaltigen Böden in sonnigen Lagen.
Beschreibung: Wächst als Baum bis zu einer Höhe von 20 m. Die Blätter sind oval, zugespitzt mit gezacktem Rand, die Blüten sind weiß oder zart rosa, die Früchte rund und rot.
Verwertbare Teile: Äste, Blätter, Knospen und Blüten, Früchte.
Erntezeit: Äste: ganzjährig; Blätter: im April, wenn sie noch ganz zart sind. Knospen und Blüten: April bis Mai; Früchte: Juni, Juli.
Inhaltsstoffe: Kalium, Kalzium, Vitamin C, Provitamin A, organische Säuren, Gerbstoffe, ätherische Öle, Harz, Pektin, Zucker, Enzyme, Alantoin, Amygdalin, Asparagin, Cyanidin, Methylsalicylat.
Toxische Substanzen: Blausäure abspaltendes Amygdalin in den Kernen.
Vergiftungserscheinungen: Siehe Pfirsich auf Seite 225. Da die Kerne normalerweise nicht verfüttert werden, ist die Vergiftungsgefahr gering.
Besonderheiten: Die Äste können auch im Winter geschnitten werden. Die Knospen öffnen sich im warmen Zimmer und sind eine willkommene Abwechslung für die Vögel.

Vorsicht

Da Steinobst Blausäure enthält, sollte es nur in Maßen gefüttert werden. Konventionell angebaute Kirschen können außerdem schadstoffbelastet sein, also gut waschen.

als Futter gut | als Futter gut | nicht nutzbar | nicht nutzbar

Klee, Rot-

Trifolium pratense

Andere Bezeichnungen: Wiesen-Klee
Vorkommen: Diese Pflanze aus der Familie der Schmetterlingsblütler hat sich in ganz Europa, Vorderasien und Amerika eingebürgert und wächst bevorzugt auf Wiesen mit Lehm- und Tonböden.
Beschreibung: Eine ausdauernde Pflanze, die eine Höhe von 40 cm erreicht. Die Blätter sind eiförmig und 3-zählig angeordnet, die Blüten kugelig und violett-rot.
Verwertbare Teile: Blätter, Triebe, Blüten, Samen.
Erntezeit: Blätter und Triebe von April bis Juni, die Blüten von Juni bis September und die Samen von August bis September.
Inhaltsstoffe: Gerbstoffe, Cumarin, ätherische Öle, Isoflavone, Glykoside und Harze, hoher Eiweißanteil, Kalzium, Phosphor, Natrium, Kupfer und Eisen, Vitamin A, B, C, D und E.
Toxische Substanzen: Phytoöstrogene, unter Umständen Nitrate.
Vergiftungserscheinungen: Der rote Klee produziert pflanzliche östrogenartige Verbindungen, die sogenannten Phytoöstrogene, die bei Säugetieren nachwuchsverhütend wirken können.
Besonderheiten: Der Geschmack der Blätter ist dem von Feldsalat ähnlich, die Blüten sind honigartig süß und werden daher gerne genommen.

Vorsicht

Der übermäßige Verzehr kann vor allem bei Nagetieren zu Durchfall führen, daher in Maßen füttern! Der Weißklee (siehe dort) ist nahrhafter, weniger blähend und im getrockneten Zustand unproblematischer.

als Futter gut | als Futter gut | nicht nutzbar | nicht nutzbar

Klee, Weiß-

Trifolium repens

Andere Bezeichnungen: Lämmerklee, Kriechender Klee
Vorkommen: In Europa weit verbreitet, besiedelt die Pflanze aus der Familie der Schmetterlingsblütler hauptsächlich Wiesen und Weideland.
Beschreibung: Die kriechende, weit verzweigte Pflanze hat 3-fiedrige Blättchen, die eiförmig, fein gezähnt sind. Die Nebenblätter sind trockenhäutig und rot-violett. Die weißen, kugeligen Blüten bestehen aus bis zu 80 kurzen Einzelblüten.
Verwertbare Teile: Blätter, Blüten und Samen.
Erntezeit: Gesamte Wachstumsperiode.
Inhaltsstoffe: Hoher Eiweißanteil, Kalzium, Phosphor, Natrium, Kupfer und Eisen, Vitamin A, B, C, D und E.
Giftige Pflanzenteile: Alle.
Toxische Substanzen: Die cyanogenen Glykoside Linamarin und Lotaustralin sowie unter Umständen Nitrate vor allem in jungen Pflanzen.
Vergiftungserscheinungen: Aus den cyanogenen Glykosiden wird Blausäure abgespalten, was zur Blockierung der Atmungskette führen kann.
Erste Hilfe: Behandlung der Symptome.
Besonderheiten: Weißklee ist nahrhafter und weniger blähend als Rotklee und in getrocknetem Zustand in der Fütterung unproblematischer.

Vorsicht

In geringen Mengen und nur gelegentlich gefüttert, ist der Weißklee eine gute Futterpflanze. Allerdings sollte man auf junge Pflanzen wegen ihres hohen Anteils an cyanogenen Glykosiden ganz verzichten.

als Futter sehr gut | weder giftig noch nutzbar | als Futter gut | als Futter sehr gut

Knäuelgras, Gewöhnliches

Dactylis glomerata

Andere Bezeichnung: Knaulgras
Vorkommen: Die Pflanze aus der Familie der Süßgräser ist in Europa und Westasien weit verbreitet und wächst bevorzugt auf Wiesen, an Weg- und Waldrändern.
Beschreibung: Die mehrjährige, krautige, horstig wachsende Pflanze erreicht eine Wuchshöhe von bis zu 1,20 m. Die Laubblätter sind grau-grün, wobei das oberste aufrecht absteht. Die Rispen formen ein Dreieck und sind stark geknäult. Die Ährchen sind drei- bis fünfblütig, die Hüllspelze ist rötlich bis violett und derb.
Verwertbare Teile: Vermutlich alle.
Erntezeit: Vom Frühjahr bis in den Herbst.
Inhaltsstoffe: Nicht bekannt, gilt aber als wertvolle Weide- und Futterpflanze.
Giftige Pflanzenteile: Keine.
Toxische Substanzen: Nicht bekannt.
Besonderheiten: Viele Vögel knabbern gerne an den Rispen, vor allem, wenn sie halbreif sind. Auch Katzen lieben die rauen Blätter des Knäuelgrases. Es ist Bestandteil vieler Trockenfuttermischungen für Nagetiere und Kaninchen und kann somit auch getrocknet gut verfüttert werden. Lediglich über die Verfütterung an Reptilien kann keine gesicherte Angabe gemacht werden.

nicht nutzbar | nicht nutzbar | nicht nutzbar | als Futter sehr gut

Königskerze, Großblütige

Verbascum densiflorum

Andere Bezeichnungen: Winterblom, Unholdskerze, Himmelsbrand, Wollkraut, Wetterkerze, Donnerkerze, Blitzkerze
Vorkommen: Die Pflanze aus der Familie der Braunwurzgewächse bevorzugt sonnige Standorte mit kalkhaltigem Boden, im Freiland und in Waldgebieten und ist fast weltweit vertreten.
Beschreibung: Die zweijährige Pflanze kann eine Wuchshöhe von bis zu 3 m erreichen, die Blätter sind filzig, runzlig und am Rand gekerbt. Die gelbe Einzelblüte kann bis 4 cm groß werden und sitzt am kerzenförmigen Blütenstand.
Verwertbare Teile: Blüten, halbreife und reife Samenstände.
Erntezeit: Samen im August und September.
Inhaltsstoffe: Schleimstoffe, Saponine, Iridoide, Flavonoide, Phytosterole, Invertzucker, Vitamin B2, B5, B12 und D.
Besonderheiten: Die Samen und die Blüten sind ein gutes Futter für Vögel, die reifen Samen kann man sammeln und als Bestandteil des Winterfutters nutzen. Die Kleinblütige Königskerze (*Verbascum thapsus*), die ebenfalls sehr häufig vorkommt, kann ebenso verwendet werden.

Vorsicht

Saponine sind sehr giftig für Fische. Im Organismus von Säugetieren führt die Erniedrigung der Oberflächenspannung durch Saponine zu einer Beschädigung der Zellmembran.

schwach giftig als Futter geeignet | schwach giftig als Futter gut | nicht nutzbar | schwach giftig als Futter geeignet

Koriander

Coriandrum sativum

Andere Bezeichnungen: Schwindelkorn, Wanzendill, Wanzenkraut, Galander, Arabische, Chinesische, Indische oder Asiatische Petersilie, Kaliander

Vorkommen: Stammt ursprünglich aus dem Mittelmeerraum, wächst aber auch im übrigen Europa, in Asien, Amerika und Nordafrika.

Beschreibung: Einjähriges Kraut, bis zu 1 m hoch, wächst weit verzweigt. Die rundlichen, gefiederten Blätter riechen eigentümlich, die Früchte nach Anis. Die weißlichen Blütendolden erscheinen im Sommer.

Verwertbare Teile: Blätter, Früchte.

Erntezeit: Mai bis Juli, Blätter werden im Frühjahr frisch verwendet, Samen werden kurz vor der Vollreife geerntet und getrocknet.

Inhaltsstoffe: Frucht: ätherische Öle, Linalool, Geraniol, Limonenöl, Geranylacetat, Terpinen, Borneol. Kraut: Decanal, Tridecen, Petroselinsäure, Ölsäure, Linolensäure, Palmitinsäure, Proteine, Stärke, Zucker, Pentosane, Gerbstoffe, Vitamin C, Flavonoide, Furanoisocumarine wie Coriandrin.

Giftige Pflanzenteile: Alle.

Toxische Substanzen: Cumarine.

Vergiftungserscheinungen: Cumarine können in sehr hohen Dosen zu reversiblen Leberschäden, Kopfschmerzen, Benommenheit und Übelkeit führen.

Erste Hilfe: Behandlung der Symptome, bei stärkeren Beschwerden zum Tierarzt.

Besonderheiten: Bei gelegentlicher Fütterung in geringen Mengen muss nicht mit einer Gesundheitsschädigung gerechnet werden.

als Futter geeignet | *weder giftig noch nutzbar* | *weder giftig noch nutzbar* | *als Futter sehr gut*

Kornelkirsche

Cornus mas

Andere Bezeichnungen: Herlitze, Dürlitze, Gelber Hartriegel, Dirndl, Tierlibaum, Hornstrauch
Vorkommen: Die Pflanze aus der Familie der Hartriegelgewächse wächst in lichten Eichenwäldern und sonnigen Gebüschen in ganz Südeuropa, wird aber auch gerne in Gärten und Parks angepflanzt.
Beschreibung: Der Strauch oder Baum mit einer Höhe von zu 8 m hat ovale, spitz zulaufende, glänzende, dunkelgrüne und ganzrandige Blätter, die Blüten sind goldgelb und stehen in kleinen Dolden. Die Frucht ist glänzend rot und länglich, etwa 2 cm lang mit einem großen Stein.
Verwertbare Teile: Zweige, Blätter, Blüten, Früchte, die angenehm säuerlich schmecken, sich aber nur schwer vom Stein lösen lassen. Kornelkirschen sind für den Menschen genießbar und werden zur Saft- oder Likörherstellung verwendet. Durch ihren hohen Gerbstoffanteil wirken sie lindernd bei Darmverstimmungen.
Erntezeit: Blätter von März und April, die Blüten von Februar bis März und die Früchte von Juli bis Oktober.
Inhaltsstoffe: In den Früchten Zucker, Gerbstoffe, Anthocyane, organische Säuren, B-Vitamine, viel Vitamin C und E, Flavonoide.
Besonderheiten: Die Zweige und Blätter werden gerne von Nagetieren genommen, die Früchte von größeren Vögeln. Über die Verfütterung an Reptilien ist nichts bekannt.

stark giftig | stark giftig | stark giftig | stark giftig

Kornrade, Gewöhnliche

Agrostemma githago

Andere Bezeichnungen: Klockenblume, Pisspöttken, Ackerrade, Höllenkorn, Klockeblome, Kornnelke, Kornrose, Raad, Rade, Radenbleamer, Ratt
Vorkommen: Das „Ackerunkraut" aus der Familie der Nelkengewächse ist in Europa, Amerika, Russland und in weiten Teilen Asiens und Afrikas zu finden. In Gärten auch gerne als Kulturpflanze.
Beschreibung: Die einjährige, krautige Pflanze kann bis 90 cm hoch werden, hat kaum Zweige, selten Seitentriebe, grauweiße linealische Blätter und purpurviolette Blüten.
Verwertbare Teile: Keine.
Giftige Pflanzenteile: Vor allem der Samen, aber auch alle anderen Teile.
Toxische Substanzen: Saponin, Githagin, dessen Aglucon Githagenin, Agrostemmasäure.
Vergiftungserscheinungen: Verstärkter Durst, Schluckbeschwerden, Schleimhautreizungen, Zittern, Herzschwäche, Kreislaufversagen und Atemlähmung mit Todesfolge.
Erste Hilfe: Behandlung der Symptome, den Tierarzt aufsuchen.
Besonderheiten: Heilpflanze bei Hautkrankheiten, Würmern, wirkt blutstillend, entwässernd, harntreibend, schleimlösend und adstringierend. Geschützte Pflanze!

Vorsicht

Gefährdet sind Nagetiere, die Heu aus dem Eigenanbau erhalten, denn die Pflanze verliert ihre toxische Wirkung im getrockneten Zustand nicht.

als Futter geeignet | als Futter geeignet | nicht nutzbar | als Futter geeignet

Kresse, Garten-

Lepidium sativum

Andere Bezeichnung: Pfefferkraut
Vorkommen: Mit Ursprung in Vorderasien nahm die Kresse ihren Weg nach Europa über den Mittelmeerraum. Sie bevorzugt humusreiche Böden im Halbschatten; wird fast weltweit kultiviert.
Beschreibung: Die zarte, einjährige Pflanze wird bis 50 cm hoch. Sie blüht mit kleinen, weißen bis rötlichen Blüten.
Verwertbare Teile: Junge Blätter von 7 bis 10 cm.
Erntezeit: Die Kresse kann auf dem Fensterbrett das ganze Jahr über gezüchtet werden. Sie wird ungenießbar, sobald sie Blüten ansetzt.
Inhaltsstoffe: Vitamin C und B, Mineralstoffe wie Eisen, Kalzium und Folsäure, Karotin, Senfölglykoside.
Toxische Substanzen: Senfölglykoside.
Giftige Pflanzenteile: Alle.
Vergiftungserscheinungen: Reizungen der Haut und des Magen-Darm-Trakts, Leberblutungen, Wachstumsstörungen und unter Umständen Kropfbildung.
Erste Hilfe: Behandlung der Symptome, bei stärkeren Beschwerden den Tierarzt aufsuchen.
Besonderheiten: Garten-Kresse wirkt appetitanregend und blutbildend. Kresse sollte frisch angeboten werden, da das Kressearoma empfindlich ist. Brunnenkresse (*Nasturtium officinale*) ist ähnlich zu behandeln.

Vorsicht

Oft speichern Kreuzblütler Nitrat in großen Mengen, was die Ursache für Tiervergiftungen sein kann. Daher nur in ganz geringen Mengen verfüttern.

giftig | giftig | giftig | giftig

Küchenschelle, Gewöhnliche

Pulsatilla vulgaris

Andere Bezeichnungen: Gewöhnliche Kuhschelle, Bockskraut, Wolfspfote, Güggelblume
Vorkommen: Beheimatet in Europa, Asien und auch Nordamerika, wächst dieses Hahnenfußgewächs auf kalkreichen Böden an sonnigen Hanglagen im Mittelgebirge, auch als Zierpflanze.
Beschreibung: Die mehrjährige, krautige, ausdauernde Pflanze erreicht eine Wuchshöhe von bis 40 cm. Die Stängel sind behaart, die Laubblätter 2- bis 3-fach gefiedert und grundständig als Rosette angeordnet. Sie erscheinen gleichzeitig mit der Blüte. Die glockigen Blüten stehen einzeln an den Enden der Stängel und sind blau- oder rot-violett.
Verwertbare Teile: Keine.
Giftige Pflanzenteile: Alle.
Toxische Substanzen: Abbauprodukte der Alkaloide Protoanemonin und Anemonin sowie Glykoside, Gerbstoffe und Saponine.
Vergiftungserscheinungen: Durch Protoanemonin verursachte Hautreizungen mit Schwellungen, Blasen und Entzündungen. Ansonsten Reizungen des Magen-Darm-Trakts mit Erbrechen. Unter Umständen auch Atemlähmung.
Erste Hilfe: Behandlung der Symptome, unter Umständen den Tierarzt aufsuchen.
Besonderheiten: Die Küchenschelle ist eine geschützte Pflanze.

Vorsicht

Das Gift reichert sich erst in der Leber an, bevor es zu sichtbaren Symptomen kommt!

als Futter geeignet | als Futter gut | weder giftig noch nutzbar | als Futter gut

Kürbis

Cucurbita spec.

Andere Bezeichnungen: Gartenkürbis, Speisekürbis, Zierkürbis, Zucchini
Vorkommen: Die Wildform der Kürbisse ist in Mexiko und Guatemala beheimatet, jetzt findet man die Pflanze aber in ganz Europa, Amerika und Asien, meist in Gärten als Kompostpflanze.
Beschreibung: Die Kürbispflanze bildet eine bis 10 m lange, verzweigte Wickelranke aus, die borstig behaart ist. Die Blätter sind groß, langstielig und herzförmig, die Blüten gelb und bis 10 cm groß. Die weißlich gelbe, grüne oder orangefarbene Frucht ist botanisch gesehen eine Beere. Die Früchte können je nach Art und Sorte von tennisball- bis medizinballgroß werden.
Verwertbare Teile: Fruchtfleisch, Kerne, Blüten und junge Triebe.
Erntezeit: Blüten und junge Triebe ab Juni, die Früchte ab August.
Inhaltsstoffe: Frucht: Viel Vitamin A, C, D und E, Kalium, Kalzium, Zink, Eisen, Fluor, Kupfer, Selen, Mangan, Molybdän und Beta-Carotin. Kerne: Fett, Eiweiß, Vitamin A, B1, B2, C und E, Kupfer, Mangan, Selen und Zink, Phytosterole.
Besonderheiten: Nagetiere und Reptilien nehmen gerne das ungekochte Fruchtfleisch, die Blüten und Triebe, Vögel ebenfalls das ungekochte Fruchtfleisch und die Kerne, allerdings in Maßen, denn sie sind sehr fett.

Vorsicht

Zierkürbisse sind zum Verfüttern ungeeignet. Das darin enthaltene Cucurbitacin führt zu Übelkeit, Erbrechen und Magenkrämpfen.

als Futter gut | als Futter sehr gut | nicht nutzbar | als Futter gut

Löwenzahn

Taraxacum officinale

Andere Bezeichnungen: Kuhblume, Röhrlblume, Pusteblume, Bettsaicher, Wegsaicherle
Vorkommen: Den Korbblütler findet man auf Wiesen, an Wegrändern, Ufern, im Wald, an Hängen und in Gärten, ja sogar in Asphaltspalten; in Europa, Asien und Nordafrika.
Beschreibung: Die ausdauernde Pflanze wird bis 30 cm hoch, die Blätter bilden eine Rosette aus gezähnten Blättern. Die Blüten sind gelb, die Fruchtstände mit Flugsamen weiß, dann bezeichnet man sie als Pusteblume.
Verwertbare Teile: Blätter und Blütenköpfe.
Erntezeit: Junge Blätter, Blüten und Blütenknospen von April bis September.
Inhaltsstoffe: Bitterstoffe, Flavonoide, Cumarine, Phytosterole, Schleimstoffe, Zucker, Inulin, Kalium, Eiweiß, Vitamin C, Kalium, Magnesium, Phosphor, Taraxerol.
Giftige Pflanzenteile: Taraxerol in den Wurzeln und Stängeln, in jungen Blättern in verschwindend geringen Mengen, sodass der Gesundheitszustand der Tiere nicht gefährdet ist.
Toxische Substanzen: Taraxerol.
Vergiftungserscheinungen: Erbrechen und Durchfall, Hautkontakt mit dem Saft aus Stängel und Wurzeln kann Entzündungen hervorrufen.
Erste Hilfe: Behandlung der Symptome.

Vorsicht

Die Blätter an Vögel nur in kleinen Mengen, sonst können Magenprobleme auftreten. Chinchillas vertragen Löwenzahn nicht. Der Urin kann sich bei Nagern rot färben, was aber keinen Einfluss auf die Gesundheit hat.

als Futter sehr gut | als Futter sehr gut | weder giftig noch nutzbar | als Futter sehr gut

Lungenkraut, Echtes

Pulmonaria officinalis

Andere Bezeichnungen: Geflecktes Lungenkraut, Bachkraut, Blaue Schlüsselblume, Bockkraut, Himmelschlüssel, Hosenschiffer, Lungenwurz, Brunneschüsseli, Fleckenkraut, Güggelhose, Händschechrut, Hänsel und Gretel, Adam und Eva, Hirschkohl, Hirschkoze, Hirschmangold, Königsstiefel, Lungentee, Schlotterhose, Schwesternkraut, Ungleiche Schwestern, Unser lieben Frauen Milchkraut, Waldochsenzunge

Vorkommen: Das Raublattgewächs ist in ganz Europa verbreitet und bevorzugt krautreiche Laub- und Buchenmischwälder mit nährstoffreichen Ton- oder Lehmböden; im Süden eher verbreitet als im Norden.

Beschreibung: Die mehrjährige, krautige Halbschattenpflanze hat herzförmige, hellgrüne Grundblätter mit weißen Flecken und borstiger Oberfläche. Die Blütenkelche sind trichterförmig mit anfänglich rötlicher Blütenkrone, die sich nach Blau verfärbt.

Verwertbare Teile: Zarte, junge Blätter und Blüten.

Erntezeit: Während der ganzen Wachstumsperiode, die Blätter sind von März bis April am zartesten, die Blüten von März bis Juni.

Inhaltsstoffe: Flavonoide, Mineralstoffe, vor allem Kieselsäure, Schleimstoffe, Gerbstoffe, Vitamin C und das wundheilende Allantoin.

Giftige Pflanzenteile: Keine.

Besonderheiten: An Nagetiere sollte Lungenkraut am besten getrocknet verfüttert werden. Früher als Heilmittel bei Lungenerkrankungen und Husten geläufig, kann es bei Atemwegsproblemen als Teeaufguss dem Trinkwasser beigemischt werden.

stark giftig | stark giftig | stark giftig | stark giftig

Lupine

Lupinus polyphyllus

Andere Bezeichnung: Vielblättrige Lupine, Wolfsbohne
Vorkommen: Der Schmetterlingsblütler ist in Nordamerika beheimatet und findet sich in verschiedenen Zucht- und verwilderten Formen in ganz Europa.
Beschreibung: Diese ein- bis mehrjährige Pflanze wird 30 cm bis 1,20 m hoch und blüht verschiedenfarbig in aufrechten Tauben. Die grünen Blätter sind 5- bis mehrzählig, handförmig, lang gestielt und an der Unterseite behaart. Die Samen reifen in 4 bis 6 cm langen, braunen Hülsen.
Verwertbare Teile: Keine.
Giftige Pflanzenteile: Alle, vor allem die Samen.
Toxische Substanzen: Chinolizidin-Alkaloide wie Lupinidin (Spartain), Lupanin, Lupinin, Lupinid, Augustifolin, Anagyrin, Albin und Multiflorin.
Vergiftungserscheinungen: Speichelfluss, Schluckbeschwerden, Übelkeit und Erbrechen, Unruhe, Zittern, Herzrhythmusstörungen, Lähmungen und Atemnot bis zum Atemstillstand.
Erste Hilfe: Behandlung der Symptome, Medizinalkohle, unbedingt den Tierarzt aufsuchen.
Besonderheiten: Die meisten kultivierten Lupinen (Süßlupinen) sind nahezu alkaloidfrei, können aber durch häufig vorhandenen Schimmelpilzbefall schwere Schädigungen der Leber hervorrufen.

Vorsicht

Alle Alkaloide werden im Dürrfutter nicht inaktiv, das ist vor allem gefährlich für Nager, die mit Heu von der eigenen Wiese versorgt werden!

schwach giftig als Futter gut | *schwach giftig als Futter gut* | *nicht nutzbar* | *schwach giftig als Futter sehr gut*

Luzerne

Medicago sativa

Andere Bezeichnung: Alfalfa (amerikanischer Name)
Vorkommen: Die Nutzpflanze aus der Familie der Hülsenfrüchte ist fast weltweit verbreitet.
Beschreibung: Die Wuchshöhe kann bis 1 m betragen, die Blätter sind 3-teilig, der Blütenstand enthält bis zu 25 blau-violette Einzelblüten, die Frucht ist spiralförmig.
Verwertbare Teile: Blüten und Samen.
Erntezeit: Blüten von Juni bis September, Samen ab September.
Inhaltsstoffe: Vitamin A, B1, B2, B3, B5, B6, C, D und E, Biotin, Phyllochinon, Kalzium, Eisen, Kupfer, Magnesium, Phosphor und Proteine.
Giftige Pflanzenteile: Blätter und Stängel.
Toxische Substanzen: Phytoöstrogene Cumestrol, Coumestan, Genistein, Formonetin und andere, Saponine, Canavanin, blähende Proteine und ein fotosensibilisierender Faktor.
Vergiftungserscheinungen: Fruchtbarkeitsstörungen, Tympanie, Fotodermatitis, Wachstumsdepression.
Besonderheiten: Der Geschmack der Blüten ist erbsenartig, die Samen kann man auskeimen lassen und dann verfüttern, sie sind sehr gehaltvoll und können bei Ratten, Hamstern und Mäusen Blähungen verursachen. Daher besser getrocknet verfüttern.

Vorsicht

Die gekeimten Samen erst nach dem 7. Keimtag verwenden, denn erst dann ist der in den Samen enthaltene Giftstoff Canavanin abgebaut.

als Futter sehr gut | als Futter gut | nicht nutzbar | als Futter gut

Mädesüß, Echtes

Filipendula ulmaria

Andere Bezeichnungen: Wiesenkönigin, Wiesengeißbart, Rüsterstaude, Federbusch, Spierstrauch, Stopparsch
Vorkommen: Die mehrjährige Pflanze kommt in ganz Europa und Mittelasien vor, einige Arten wachsen sogar in Japan, bevorzugt in nassen Gräben und auf Wiesen sowie an Ufern und Quellen auf nährstoffreichen Lehm- und Tonböden.
Beschreibung: Das Mädesüß wächst bis zu 1,50 m hoch, der Stängel ist rötlich, die gefiederten Blätter dunkelgrün und stark geadert, die Blüten cremeweiß, sehr klein und verströmen einen süßen Duft.
Verwertbare Teile: Junge Blätter, Blütenknospen und Blüten.
Erntezeit: Die Blätter ab April, Blüten Juni bis August.
Inhaltsstoffe: Salicylate, Flavonoide, Gerbsäure, ätherische Öle, Zitronensäure, Schleimstoffe, Vanillin, Kieselsäure, ein Glykosid.
Giftige Pflanzenteile: Alle.
Toxische Substanzen: Schwach giftiges Glykosid.
Vergiftungserscheinungen: Bei sehr hoher Konzentration leichte Kopfschmerzen. Keine Angaben zu Vergiftungserscheinungen bei Tieren, allerdings fehlen auch Vergiftungsmeldungen.
Besonderheiten: Der Geschmack des Echten Mädesüß erinnert an Mandeln und Honig.

Vorsicht

Bei gelegentlicher Fütterung muss nicht mit einer Beeinträchtigung der Gesundheit der Tiere gerechnet werden.

schwach giftig | schwach giftig | schwach giftig | als Futter sehr gut

Mahonie, Gewöhnliche

Mahonia aquifolium

Andere Bezeichnungen: Fieder-Berberitze
Vorkommen: Beheimatet in Nordamerika, ist die Pflanze aus der Familie der Berberitzengewächse in Europa in Gärten und Parks zu finden.
Beschreibung: Der buschig, aufrecht wachsende, vieltriebige Strauch wird bis zu 1 m hoch und trägt immergrüne, glänzende, unpaarig gefiederte, eiförmige, ledrige Blätter, die einen dornigen, gezähnten Rand haben und sich im Herbst manchmal bronzerot färben. Die duftenden Blüten wachsen in dichten, aufrechten Trauben in Goldgelb, die Beeren sind kugelig, bläulich bereift, erbsengroß und schmecken säuerlich. Die 2 bis 5 Samen sind rotbraun.
Verwertbare Teile: Beeren.
Erntezeit: Ab August bis in den Winter.
Giftige Pflanzenteile: Alle.
Toxische Substanzen: Die Rinde und Wurzeln enthalten Isochinolinalkaloide, wie Berberin, Berbamin, Oxyacanthin, Magnoflorin. Die Beeren enthalten nur geringe Mengen an Alkaloiden und gelten als unbedenklich.
Vergiftungserscheinungen: Reizungen des Magen-Darm-Trakts.
Erste Hilfe: Behandlung der Symptome, Medizinalkohle, unter Umständen den Tierarzt aufsuchen.

Vorsicht

Einigen Angaben zufolge sollen Mahonienbeeren für Zwergkaninchen, Meerschweinchen und Hamster giftig sein. Vögel vertragen die Beeren sehr gut.

schwach giftig | schwach giftig | schwach giftig | als Futter sehr gut

Malve, Wilde

Malva sylvestris

Andere Bezeichnungen: Rosspappel, Hasenkäse, Käsepappel, Käslikraut, Pissblume, Schwellkraut
Vorkommen: Ursprünglich aus Asien und Südeuropa, heute in fast ganz Europa bis nach Schweden und Norwegen, vor allem an Wegrändern und anderen lichten Standorten auf stickstoffhaltigen Böden.
Beschreibung: Die krautig wachsende, zweijährige Pflanze wird bis zu 1 m hoch und ist weich behaart. Die Stängelblätter sind 5- bis 7-fach gelappt mit deutlicher Kerbung. Während des Sommers in den Blattachseln trichterförmige violett-rosa Blüten mit einer dunkleren Äderung.
Verwertbare Teile: Alle oberirdischen Teile.
Erntezeit: Blätter von April bis Juli, Blüten von Juni bis November und Früchte ab August.
Inhaltsstoffe: Schleimstoffe, Kalium, Flavonoide, Kaffeesäure, Chlorogensäure.
Besonderheiten: Die Verwechslung mit der Weg-Malve (*Malva neglecta*) oder Kleinblütigen Malve (*Malva pusilla*) ist ungefährlich, weil alle Malvenarten ungiftig sind, auch Ziersorten taugen als Futterpflanzen. Als Aufguss bei Schleimhautreizungen in Mund und Rachen, Reizhusten.

Vorsicht

Blätter, die unterseits von Brandpilzen befallen sind, sollten nicht verwendet werden. Bei den Zuchtformen aus Gärtnereien sollte man darauf achten, dass die Pflanzen nicht mit Pestiziden behandelt wurden. Nagetiere vertragen Malve nicht sehr gut.

als Futter gut | als Futter gut | weder giftig noch nutzbar | als Futter gut

Margerite

Leucanthemum vulgare

Andere Bezeichnungen: Wiesen-Margerite oder Magerwiesen-Margerite
Vorkommen: Auf Wiesen und Feldern weit verbreitet, findet sich die Pflanze aus der Familie der Korbblütler in Deutschland, Österreich und der Schweiz sehr häufig, ist aber über ganz Europa verbreitet, vereinzelt bis Asien.
Beschreibung: Die mehrjährige, krautige Pflanze erreicht eine Wuchshöhe von 30 bis 60 cm. Der aufrechte Stängel ist leicht kantig und fast unverzweigt, die spatelförmigen Blätter sind wechselständig angeordnet und unten grob gezähnt. Die Einzelblüte hat körbchenförmige Blütenstände mit gelben Röhrenblüten, umrahmt von weißen Zungenblüten. Beim Verblühen entsteht ein unangenehmer Geruch.
Verwertbare Teile: Blütenknospen und Blüten.
Erntezeit: Von Mai bis Juni.
Inhaltsstoffe: Ätherische Öle, Tannine, Harze.
Giftige Pflanzenteile: Keine.
Besonderheiten: Die Margerite besitzt keine besonders hervorragenden Inhaltsstoffe, daher sollte sie nur ab und zu an Nagetiere, Reptilien oder Vögel als Leckerbissen verfüttert werden, gerne im Winter auch getrocknet. Sie ist keine Futterpflanze, enthält aber auch keine toxischen Substanzen.

Vorsicht

Kultivierte Margeriten besitzen die gleichen Inhaltsstoffe, können aber schadstoffbelastet sein, daher ist Vorsicht geboten.

schwach giftig | schwach giftig | schwach giftig | als Futter sehr gut

Mehlbeere, Schwedische

Sorbus intermedia

Andere Bezeichnung: Oxelbeere
Vorkommen: Diese Art findet sich in fast ganz Europa, aber auch in Nordafrika. Vor allem in Norddeutschland als Straßenbaum, die Arten der Gattung neigen zur Bastardisierung und sind daher manchmal nicht eindeutig zuzuordnen.
Beschreibung: Der bis zu 15 m hohe Baum hat eine kugelige Krone und einen hellgrauen Stamm. Die jungen Triebe sind filzig, die Blätter eiförmig und 6 bis 10 cm lang, gesägt. Die Blüte ist weiß, die Frucht orangerot, kugelig und etwa 1 cm groß.
Verwertbare Teile: Reife Beeren.
Erntezeit: Beeren von September bis Oktober.
Inhaltsstoffe: Geringer Gehalt an Parasorbinsäure.
Giftige Pflanzenteile: Beeren.
Toxische Substanzen: Parasorbinsäure.
Vergiftungserscheinungen: Parasorbinsäure reizt die Schleimhäute des Magen-Darm-Trakts, was zu Speichelfluss, Erbrechen, Gastroenteritis und zu scharlachähnlichen Hautausschlägen führen kann, allerdings nur bei Säugetieren nach Aufnahme sehr großer Mengen.
Erste Hilfe: Behandlung der Symptome.
Besonderheiten: Gekocht oder getrocknet verliert die Beere ihre leicht toxischen Substanzen.

Vorsicht

Nach Aufnahme sehr großer Mengen rauschartige Zustände bei Säugetieren, Vögel haben eine höhere Toleranz gegenüber den giftigen Stoffen.

schwach giftig als Futter geeignet | schwach giftig als Futter gut | nicht nutzbar | schwach giftig als Futter gut

Melde, Spreizende

Atriplex patula

Vorkommen: Die einjährige, fast weltweit verbreitete Pflanze wächst in Wildkrautgesellschaften in Gärten, an Wegen und auf Äckern, bevorzugt auf nährstoffreichen, lockeren Böden.
Beschreibung: Die verzweigte, krautige Pflanze erreicht eine Höhe bis zu 80 cm, die Gartenmelde 2 m. Die Blätter sind länglich, pfeilförmig, die Blütenstände an den Triebenden und in den Blattachseln sind grünlich, bei der Gartenmelde *A. hortensis* rötlich.
Verwertbare Teile: Junge Blätter und Triebe, Blütenknospen, Blüten und Samen.
Erntezeit: Blätter und Triebe von April bis Juni, die Blütenknospen und Blüten von Juli bis August, Samen von September bis Oktober. Sie werden von den Vögeln sehr gern genommen.
Inhaltsstoffe: Vitamin A und C, Mineralstoffe, Kalzium, Kalium, Magnesium, Phosphor. Allerdings auch Oxalsäure und in den Samen auch Saponine.
Giftige Pflanzenteile: Vermutlich alle.
Toxische Substanzen: Saponin und Oxalsäure.
Vergiftungserscheinungen: Oxalsäure vermindert die Kalziumaufnahme im Darm und der Oxalsäuregehalt steigt in Nieren und Urin stark an. Dies kann zu Nieren- und Blasensteinen führen. Ein sehr hoher Oxalsäureanteil ist toxisch, daher nur in ganz geringen Mengen verfüttern.
Erste Hilfe: Behandlung der Symptome.

Vorsicht

Für Ratten, Hamster und Mäuse als Futter ungeeignet.

als Futter geeignet | als Futter geeignet | als Futter geeignet | als Futter geeignet

Melisse

Melissa officinalis

Andere Bezeichnungen: Herztrost, Honigblum, Mutterkraut, Nervenkräutel, Richnessel, Zitronenmelisse
Vorkommen: Die Melisse stammt ursprünglich aus dem vorderen Orient und bevorzugt einen durchlässigen, feuchten Boden.
Beschreibung: Die mehrjährige, krautige Pflanze erreicht eine Wuchshöhe von bis zu 80 cm. Die dünnen, vierkantigen, spärlich behaarten Stängel sind stark verzweigt, die eiförmigen Blätter haben einen ganz regelmäßig gezahnten Rand und duften beim Zerreiben sehr stark. Die blassgelben Blüten wachsen in 3 bis 12 achselständigen Scheinquirlen.
Verwertbare Teile: Blätter.
Erntezeit: Die Blätter vor der Blüte.
Inhaltsstoffe: Ätherische Öle wie Citral, Citronellal, Linalool, Geraniol sowie Aldehyde, Gerbstoffe, Bitterstoffe, Harze, Glykoside, Saponine, Thymol und viel Vitamin C. Die Zusammensetzung ist abhängig von den Wachstumsbedingungen und dem Alter der Pflanze.
Toxische Substanzen: Die Melisse gilt als ungiftig, allerdings ist auf Grund des hohen Gehalts an ätherischen Ölen Vorsicht beim Verfüttern geboten.
Besonderheiten: Die Zitronenmelisse ist auf Grund des hohen Gehalts an ätherischen Ölen eher eine Heilpflanze als eine Futterpflanze. Es spricht allerdings nichts gegen eine gelegentliche Verfütterung in ganz kleinen Mengen. Als Aufguss gegen Nervosität, Rastlosigkeit und leichte Krämpfe.

als Futter geeignet | als Futter geeignet | weder giftig noch nutzbar | als Futter geeignet

Minze, Grüne

Mentha spicata

Andere Bezeichnungen: Waldminze, Krauseminze, Rossminze, Römische Minze
Vorkommen: Die mehrjährige, krautige Pflanze wächst auf feuchten, nährstoffreichen Böden in Unkrautfluren und ist als Kulturform der Pfefferminze (Grüne Minze × Wasser-Minze, *Mentha aquatica*) fast weltweit verbreitet. Es gibt unzählige Minzearten, die sich sehr leicht untereinander kreuzen und im Aussehen oft sehr unterschiedlich sind, die reine Art der grünen Minze ist selten.
Beschreibung: Die Waldminze erreicht eine Höhe von bis zu 80 cm, der Stängel ist behaart, fast nicht verzweigt, die Blätter sind länglich und haben einen gezahnten Rand, der Blattgrund ist meist herzförmig. Die Blüten wachsen in ährenähnlichen Blütenständen und sind meist blass rosa oder blass lila.
Verwertbare Teile: Blätter, Triebe und Blüten.
Erntezeit: Blätter und Triebe von April bis August, die Blüten von August bis September.
Inhaltsstoffe: Ätherische Öle, hauptsächlich Carvon sowie Gerbstoffe und Flavonoide.
Besonderheiten: Die grüne Minze schmeckt etwas milder und süßer als die kultivierte Pfefferminze. Als Aufguss gegen Verdauungsstörungen, Blähungen, krampfartige Beschwerden der Gallenwege.

Vorsicht

Durch den hohen Gehalt des Pfefferminzöls sollten nur geringe Mengen der Pflanze verfüttert werden. Die Wasserminze enthält kein Menthol.

stark giftig	stark giftig	stark giftig	stark giftig

Mohn, Klatsch-

Papaver rhoeas

Andere Bezeichnungen: Wilder Mohn, Feldmohn, Blutblume, Feldrose, Klatschrose, Mohnblume, Paterblume

Vorkommen: Beheimatet in Europa, Nordasien und Nordafrika.

Beschreibung: Die ein- bis zweijährige, krautige Pflanze erreicht eine Wuchshöhe von 30 bis 60 cm. Die Stängel sind sehr dünn und führen einen weißen Milchsaft. Am Ende der Stängel stehen die scharlachroten, 4-zähligen Blüten mit einem Durchmesser bis zu 10 cm, die aussehen wie zerknittertes Papier. Die Blätter sind einfach oder doppelt fiederspaltig und rau.

Verwertbare Teile: Keine.

Giftige Pflanzenteile: Alle, besonders der Milchsaft.

Toxische Substanzen: Hauptalkaloid Rhoeadin, dem Opium nahestehend, cyanogene Glykoside und unbekannte giftige Wirkstoffe.

Vergiftungserscheinungen: Störungen des Magen-Darm-Trakts mit Erbrechen, Krämpfen und Durchfall, Schläfrigkeit, Atembeschwerden, aber auch, je nach Tier, Erregung bis zur Raserei.

Erste Hilfe: Behandlung der Symptome, Flüssigkeitszufuhr, den Tierarzt aufsuchen.

Vorsicht

Hauptgehalt an Toxinen während der Blütezeit und der Samenbildung. Die Giftwirkung bleibt auch im Dürrfutter (Heu) enthalten, was besonders bei der Eigenheugewinnung gefährlich für Nagetiere sein kann.

als Futter sehr gut | als Futter sehr gut | als Futter sehr gut | als Futter sehr gut

Möhre, Wilde

Daucus carota

Andere Bezeichnungen: Wilde Karotte, Wilde Gelbe Rübe, Wilde Mohrrübe
Vorkommen: Pionierpflanze auf Lehm- und Tonböden. Ursprünglich in Vorderasien und Afghanistan beheimatet.
Beschreibung: Ein- bis zweijährige, krautige Pflanze, mit einer Höhe von 60 cm, hat einen borstig behaarten Stängel, gefiederte, im Umriss dreieckige Laubblätter, die weiße Blüte ist eine Doppeldolde. Es werden leicht stachelige, borstige Früchte ausgebildet. Die Wurzel hat entgegen der Kulturform keine gelbe Färbung.
Verwertbare Teile: Alle.
Erntezeit: Wurzeln von September bis ins nächste Frühjahr, Blätter von April bis Juni und Blüten von Juni bis September, Samen von September bis Oktober.
Inhaltsstoffe: Wurzel: ätherische Öle, Flavonoide, Lycopin, Pektin, hoher Mineralstoffgehalt, sehr viel Kalium, Carotinoide, Vitamin B1, B2, und C. Das Beta-Carotin ist die Vorstufe des Vitamin A und sehr wichtig in der Vogelernährung. Das Möhrengrün hat einen sehr hohen Kalziumgehalt, die Wurzel enthält in der Wildform wenig Carotin.
Besonderheiten: Die kultivierte Form, die Möhre oder Karotte, besitzt die gleichen Inhaltsstoffe und kann genauso verfüttert werden.

Vorsicht

Eine Verwechslung mit der stark giftigen Hundspetersilie (Seite 50) oder anderen Doldenblütlern ist auf Grund einer ähnlichen Blatt- und Blütenform möglich.

Nachtkerze, Gemeine

Oenothera biennis

Andere Bezeichnungen: Rapontikawürzel, Schinkenwürzel
Vorkommen: Ursprünglich in Nordamerika bis nach Mexiko beheimatet, ist das Nachtkerzengewächs auch in Europa in Gärten als Zierpflanze und wild wachsend an Wegrändern, auf sandigem Untergrund, an sonnigen bis halbschattigen Plätzen anzutreffen.
Beschreibung: Die zweijährige Pflanze bildet im ersten Jahr die fleischigen Wurzeln und die Blattrosette aus, im zweiten Jahr dann die bis 2 m hohen Blütentriebe mit den leuchtend gelben Blüten, die sich erst in den Abendstunden öffnen.
Verwertbare Teile: Wurzeln, Blätter, Blütenstängel, Knospen und Blüten, Früchte und Samen.
Erntezeit: Blütenstängel von April bis Juni, die Blütenknospen und Blüten von Juni bis September, Früchte, auch grüne, von August bis September.
Inhaltsstoffe: Die Blätter enthalten Flavonoide, Oenotherin, Schleim- und Gerbstoffe, Zucker, Harze und Phytosterole. Der Samen enthält das Nachtkerzenöl mit vielen ungesättigten Fettsäuren.
Besonderheiten: Die Pflanze schmeckt mangoldartig. Alle anderen Nachtkerzenarten aus dem mitteleuropäischen Raum sind ebenso verwendbar. Die ausgereiften Samen sind vor allem für einheimische Finkenvögel und viele fremdländische Vögel ein Leckerbissen, den sie ab September genießen können.

stark giftig | stark giftig | stark giftig | stark giftig

Nachtschatten, Bittersüßer

Solanum dulcamara

Andere Bezeichnungen: Hundbeere, Mäuseohr, Pissranke, Stinkteufel, Waldnachtschatten, Wolfsbeere

Vorkommen: Das Nachtschattengewächs ist in weiten Teilen Europas, Asiens und Nordafrikas beheimatet und bevorzugt feuchte Ufer und Gräben oder Auenwälder.

Beschreibung: Der ausdauernde Halbstrauch mit verholzten Stängeln wächst krautig, rankend oder niederliegend. Die eiförmigen, gestielten Blätter haben eine dunkelgrüne Ober- und eine hellgrüne Unterseite. Die Blüten sind sternförmig, 5-teilig, violett und rispenartig, die Früchte glänzend rot, erbsengroß, in Rispen.

Verwertbare Teile: Keine.

Giftige Pflanzenteile: Alle, besonders die unreifen Beeren.

Toxische Substanzen: Steroidalkaloide, wobei es drei unterschiedliche chemische Rassen mit unterschiedlichen Verbreitungsgebieten gibt: den westeuropäischen Tomatidenol-, den osteuropäischen Soladulcidin- und den seltenen Solasodoin-Typ.

Vergiftungserscheinungen: Schleimhautreizung, zentrale Erregung gefolgt von Lähmung, Nierenschäden, Atemlähmung, Reizungen des Magen-Darm-Trakts mit spontanem Erbrechen.

Erste Hilfe: Behandlung der Symptome, Medizinalkohle, den Tierarzt aufsuchen.

Besonderheiten: Die reifen Beeren enthalten nur verschwindend geringe Spuren des Alkaloids oder sind ganz frei. Trotzdem ist die Beere kein Futtermittel!

schwach giftig als Futter gut | *schwach giftig als Futter gut* | *nicht nutzbar* | *schwach giftig als Futter gut*

Natternkopf, Gewöhnlicher

Echium vulgare

Andere Bezeichnungen: Natterkraut, Blauer Natternkopf, Himmelbrand, Starrer Hansl, Stolzer Heinrich

Vorkommen: Das Raublattgewächs kommt in fast ganz Europa und Kleinasien vor, bevorzugt an sonnigen Standorten auf lockeren, trockenen Böden.

Beschreibung: Die krautige Pflanze hat einen borstig behaarten Stängel und erreicht 20 bis 80 cm Höhe. Die Blätter sind lanzettlich bis spatenförmig, die Blüte zylindrisch, zuerst in Rosa, dann violett gefärbt, später bläulich.

Verwertbare Teile: Junge Blätter, Blüten, Samen.

Erntezeit: Blätter von April bis Juni, Blüten ab Juli, Samen von August bis Oktober.

Inhaltsstoffe: Anthocyane, Schleim, Allantoin, Consolidin, Heliosupin, Pyrrolizidinalkaloide.

Giftige Pflanzenteile: Alle.

Toxische Substanzen: Pyrrolizidinalkaloide und Allantoin.

Vergiftungserscheinungen: Pyrrolizidinalkaloide wirken langzeitlich leberschädigend. Dem Tierhalter bleibt überlassen, ob er eine gelegentliche Fütterung geringer Mengen verantworten will.

Besonderheiten: Die Blätter sind rau und schmecken wie Gurkenschalen.

Vorsicht

Der Natternkopf kann mit der purpurfarben blühenden Gefleckten Taubnessel (*Lamium maculatum*) verwechselt werden.

schwach giftig als Futter geeignet | schwach giftig als Futter geeignet | schwach giftig | schwach giftig

Pastinake

Pastinaca sativa

Andere Bezeichnungen: Hammelmöhre, Hirschmöhre, Moorwurzel, Welsche Petersilie
Vorkommen: Dieser Doldenblütler ist mit der Petersilie verwandt und gedeiht auf Wiesen an Trockenhängen und Feldrainen in ganz Mitteleuropa.
Beschreibung: Die zweijährige, krautige Pflanze hat einen kantigen, gefurchten Stängel und wird bis zu 1,20 m hoch. Die Rübe wird als Speicherorgan nach dem ersten Wuchsjahr ausgebildet, in der Wildform dünn und hart, kultiviert kegelförmig, bis zu 20 cm lang. Die einfach gefiederten Blätter bestehen aus 3 bis 7 Paaren eiförmiger, behaarter Fiederblätter. Die gelben Blüten stehen in Dolden und verströmen einen angenehmen, fenchelähnlichen Geruch.
Verwertbare Teile: Wurzel.
Inhaltsstoffe: Inulin, Mineralstoffe, wie Kalium, Kalzium, Magnesium und Phosphor, Proteine, Spurenelemente, Vitamin A, B und C, fettes Öl.
Giftige Pflanzenteile: Alle.
Toxische Substanzen: Bergapten, Xanthotoxin, Imperatorin, ätherische Öle und Kalziumoxalate.
Vergiftungserscheinungen: Phototoxische Reaktionen, Sonnenempfindlichkeit, Nierenschäden, Reizungen des Magen-Darm-Trakts.
Erste Hilfe: Behandlung der Symptome, betroffene Stellen abwaschen und unter Umständen den Tierarzt aufsuchen.
Besonderheit: Bei einer gelegentlichen Fütterung an Nagetiere muss nicht mit einer gesundheitlichen Gefährdung gerechnet werden.

schwach giftig
als Futter gut

schwach giftig
als Futter gut

schwach giftig
als Futter gut

schwach giftig
als Futter gut

Petersilie

Petroselinum crispum

Andere Bezeichnungen: Peterle, Bittersilche, Kräutel, Grönte, Peterling, Stehtsalt, Geilwurz, Bockskraut
Vorkommen: Das zweijährige Kraut hat seinen Ursprung im südlichen Europa. Es wächst bevorzugt auf nährstoffreichen Böden an sonnigen bis halbschattigen Standorten. Auch ganzjährig auf dem Fensterbrett.
Beschreibung: Im 1. Jahr bildet die Pflanze Wurzeln und Blattrosetten, im 2. den 60 cm hohen Blütenstängel mit gelblichen Blüten.
Verwertbare Teile: Frische Blätter.
Erntezeit: Frühling, bis in den Winter hinein.
Inhaltsstoffe: Viel Vitamin C, A, Kalzium, Kalium, Eisen, ätherische Öle wie Apiol und Myristicin.
Giftige Pflanzenteile: Blätter in geringem Maße, vor allem aber Wurzeln und Samen.
Toxische Substanzen: Apiol und Myristicin.
Vergiftungserscheinungen: Apiol kann zu Nieren- und Leberschäden führen und wirkt wehenfördernd, Myristicin gilt als halluzinogener Wirkstoff. Bei gelegentlicher Fütterung in geringen Mengen ist jedoch keine Schädigung zu befürchten.
Besonderheiten: Positive Wirkung bei Durchfallerkrankungen bei Kaninchen. Unbewiesenen Beobachtungen nach soll Petersilie für Papageienvögel nicht gesundheitsförderlich sein.

Vorsicht

Verwechslungen mit der stark giftigen Hundspetersilie und dem Schierling sind möglich. Petersilie besitzt wehenfördernde Wirkung.

stark giftig | *stark giftig* | *stark giftig* | *giftig*

Pfaffenhütchen, Gewöhnliches

Euonymus europaeus

Andere Bezeichnungen: Gewöhnlicher Spindelstrauch, Pfaffenkäppchen
Vorkommen: In Europa und Kleinasien beheimatet, wächst das Spindelbaumgewächs in lichten Laubwäldern, Gärten und Parkanlagen.
Beschreibung: Als sommergrüner Baum oder Strauch 3 bis 6 m hoch, mit eiförmigen, gegenständigen, lanzettlichen Blättern und kleinen, gelblich grünen Blüten in Scheindolden. Orange- oder rosafarbene Früchte, 4-fächrig mit orangefarbenen Samen.
Verwertbare Teile: Keine.
Giftige Pflanzenteile: Alle, besonders die Früchte und Samen.
Toxische Substanzen: Steroidglykoside (Cardenolide), die Alkaloide Evonin, Koffein und Theobromin. Rinde: Bitterstoffe, Gerbstoffe und Phlobaphene. Blätter: Triterpene.
Vergiftungserscheinungen: Reizungen des Magen-Darm-Trakts mit Übelkeit, Erbrechen, blutig-schleimig-wässriger Durchfall, Herzrhythmusstörungen, Kreislaufstörungen mit Kollaps, Benommenheit und Schläfrigkeit im Wechsel mit motorischer Unruhe, Krämpfe, Koma mit Todesfolge.
Erste Hilfe: Behandlung der Symptome, Medizinalkohle, ruhigstellen, unbedingt zum Tierarzt.

Vorsicht

Die Giftwirkung bleibt im Heu erhalten, was für Nagetiere gefährlich ist, die mit Heu aus dem Eigenanbau versorgt werden.

weder giftig noch nutzbar | als Futter sehr gut | weder giftig noch nutzbar | weder giftig noch nutzbar

Pfennigkraut

Lysimachia nummularia

Andere Bezeichnung: Gilbweiderich
Vorkommen: Die Pflanze aus der Familie der Myrsinengewächse ist in den gemäßigten Breiten Europas und Asiens beheimatet und wird auch als Zierpflanze für die Uferbegrünung von Gartenteichen angeboten.
Beschreibung: Die bodendeckende, mehrjährige, krautige Pflanze wächst rasenartig mit einer Wuchshöhe von lediglich 5 cm auf feuchten, nährstoffreichen Böden. Die gelbgrünen Laubblätter sind kurz gestielt, rundlich und erinnern an einen Pfennig, daher auch der Name. Die schalenförmigen Blüten sind leuchtend gelb und 5-zählig, allerdings oft steril und bilden keine Früchte aus. Die Vermehrung erfolgt durch kriechende Ausläufer.
Verwertbare Teile: Blätter und Blüten.
Erntezeit: Nahezu das ganze Jahr über.
Inhaltsstoffe: Gerbstoffe, Saponine, Kieselsäure, Flavonoide.
Giftige Pflanzenteile: Keine.
Besonderheiten: Der Geschmack ist etwas bitter, wie Spargel. Verwendung: Die Pflanze ist eine ideale Uferbegrünung für Gartenteiche, in denen Wasserschildkröten gehalten werden. Die Tiere nehmen sie auch gerne als Futter an und das Pfennigkraut wächst schnell und üppig nach. Es findet auch als Aquarienpflanze Verwendung.

stark giftig	*stark giftig als Futter gut*	*stark giftig*	*giftig als Futter gut*

Pflaume

Prunus domestica

Unterarten: Zwetschgen, Mirabellen, Reneclaude

Vorkommen: Ursprünglich aus Kleinasien und vermutlich von Alexander dem Großen nach Mitteleuropa gebracht, findet man sie in unterschiedlichen Formen wie Zwetschge, Mirabelle und Reneclaude weltweit, auch verwildert.

Beschreibung: Das früchtetragende Laubgehölz erreicht eine Höhe von 10 m und hat längliche Blätter mit gesägtem Rand und unterseits weichen Haaren. Die Blüten sind weiß, die blauvioletten Früchte eiförmig bis rund.

Verwertbare Teile: Knospen, Fruchtfleisch.

Erntezeit: Die Früchte von August bis September.

Inhaltsstoffe: Reich an Kalium, Kalzium, Magnesium und Vitamin C.

Giftige Pflanzenteile: Kerne, unter Umständen auch das Laub und die Zweige.

Toxische Substanzen: Cyanogene Glykoside, vor allem Amygdalin, in den Samen.

Vergiftungserscheinungen: Schleimhautreizung, Unruhe, Zittern, Krämpfe, schwacher Puls, Bewusstlosigkeit, Herzstillstand mit Todesfolge.

Erste Hilfe: Behandlung der Symptome, eventuell Tierarzt aufsuchen.

Besonderheiten: In Österreich heißen alle Pflaumenarten Zwetschken.

Vorsicht

Strittig ist, ob die Zweige Amygdalin enthalten, daher ist nur die Frucht ohne Stein als Futter geeignet und wegen des hohen Zuckergehalts eher gelegentlich.

schwach giftig | schwach giftig | schwach giftig | schwach giftig

Physalis

Physalis alkekengi und *Physalis peruviana*

Andere Bezeichnungen: Blasenkirsche, Erdkirsche, Judenkirsche, Lampionblume. Als Obst kultivierte, nicht winterharte Art aus Südamerika: Kapstachelbeere, Andenbeere
Vorkommen: Das Nachtschattengewächs stammt vom amerikanischen Kontinent. Die aus den Anden stammende *P. peruviana* ist als Obst auf dem Markt.
Beschreibung: Die krautige, mehrjährige Pflanze wächst buschig bis zu 60 cm hoch. Die Blätter sind eiförmig zugespitzt, die Blüten grünlich mit weißer Krone. Die gelb orangefarbenen, runden Früchte sitzen in einer papierartigen Hülle.
Verwertbare Teile: Früchte der kultivierten Form, die der wilden Form gelten als giftverdächtig.
Erntezeit: Dezember bis Juli.
Inhaltsstoffe: Viel Vitamin C und B1, Provitamin A, Zitronensäure, Äpfelsäure, Carotinoide, Zucker, Alkaloide.
Giftige Pflanzenteile: Alle oberirdischen Teile, außer die Früchte der kultivierten Form.
Toxische Substanzen: Withasteroide wie Withaphysalin, Physalin und Withaperuvin. *P. peruviana* enthält den schwach giftigen Bitterstoff Physalin.
Vergiftungserscheinungen: Störung des Magen-Darm-Trakts, eventuell Herzbeschwerden.
Erste Hilfe: Behandlung der Symptome, den Tierarzt aufsuchen.

Vorsicht

Die Beeren der einheimischen *Physalis*-Art sollten nicht verfüttert werden.

schwach giftig
als Futter sehr gut

schwach giftig
als Futter sehr gut

nicht nutzbar

schwach giftig
als Futter sehr gut

Portulak

Portulaca oleracea

Andere Bezeichnungen: Postelein, Burzelkraut, Bürzelkohl, Kreusel, Sauburzel
Vorkommen: Das Portulakgewächs stammt ursprünglich aus Vorderindien und ist mittlerweile im ganzen Mittelmeerraum verbreitet. Es wächst an warmen Standorten auf sandigen oder lehmigen Böden an Wegen, Weinbergen und in Pflasterfugen und ist in kultivierter Form in Handel.
Beschreibung: Schnell wachsende Pflanze, erst niedergestreckt, dann aufrecht, bis zu 20 cm. Die Blätter sind fleischig und eiförmig, grün oder gelb gefärbt, je nach Sorte. Die kleinen Blüten sind gelb bis orange.
Verwertbare Teile: Blätter, junge Triebe, Blüten und Samen.
Erntezeit: Die Blätter und jungen Triebe von April bis Mai, Blüten von Mai bis Juni, Samen von August bis Oktober.
Inhaltsstoffe: Sehr hoher Gehalt an Vitamin C, Magnesium, Kalzium, Kalium, Eisen, Schleim- und Bitterstoffen, Oxalsäure in sehr geringer Konzentration, Omega-2-Fettsäuren.
Giftige Pflanzenteile: Alle.
Toxische Substanzen: Oxalsäure in geringer Konzentration.
Vergiftungserscheinungen: Reizungen des Magen-Darm-Trakts, in schweren Fällen Nierenschäden.
Besonderheiten: Bei einer gelegentlichen Fütterung in geringen Mengen muss nicht mit einer gesundheitlichen Schädigung gerechnet werden. Auf Grund des hohen Gehalts an Vitamin C ist Portulak ein gutes Futter.

stark giftig | stark giftig | stark giftig | stark giftig

Rainfarn

Tanacetum vulgare

Andere Bezeichnungen: Gülden Knöpfle, Wurmkraut, Westenknöpf, Drusenkraut, Milchkraut, Regenfarn
Vorkommen: Der Korbblütler, in ganz Europa zu Hause, bevorzugt staudenreiche Unkrautflure, Feldraine, Wegränder, Hecken und Weiden mit lehmigen, nährstoffreichen Böden.
Beschreibung: Die mehrjährige Pflanze ist sehr ausdauernd und wird 60 bis 130 cm hoch. Die dunkelgrünen Blätter sind gefiedert, die goldgelben Blüten haben einen Durchmesser von etwa 1 cm und stehen als Schirmrispe am Ende des Stängels. Bei Sonnenschein zeigen die Blätter senkrecht nach Süden und dienen somit als Kompass.
Giftige Pflanzenteile: Alle.
Toxische Substanzen: Ätherische Öle, auch das giftige Thujon in unterschiedlichen Mengen, je nach Standort, Bitterstoffe, Gerbstoffe, Kampfer, bittere Glykoside, Phytosterole; Allergene.
Vergiftungserscheinungen: Magen-Darm-Beschwerden, Erbrechen, Krämpfe, weite Pupillen, Herzrhythmusstörungen, Kreislaufversagen. Einige Arten können Kontaktallergien auslösen.
Erste Hilfe: Behandlung der Symptome, Erbrechen auslösen, Medizinalkohle verabreichen, betroffene Kontaktstelle abwaschen und steril abdecken, den Tierarzt aufsuchen.

Vorsicht

Je nach Standort sind nicht alle Arten des Rainfarns gleich giftig, es gibt aber keine Erkennungsmerkmale dafür.

schwach giftig als Futter gut | schwach giftig als Futter gut | nicht nutzbar | schwach giftig als Futter gut

Rauke und Wilde Rauke

Eruca sativa und *Diplotaxis tenuifolia*

Andere Bezeichnungen: Rucola, Ruccola, Arugula, Ölrauke, Salat-Rauke, Ruke, Senfkohl, Wilde Rauke, Schmalblättriger Doppelsame
Vorkommen: In den Mittelmeerländern zu Hause, mittlerweile fast weltweit verbreitet. Die Pflanze bevorzugt einen warmen, sonnigen Standort. Im Garten oder auf der Fensterbank ist ein Anbau problemlos.
Beschreibung: Die meist einjährig kultivierte Pflanze wächst sehr rasch bis zu einer Höhe von 50 cm. Die grundständigen Blätter sind dunkelgrün und gezackt, im Sommer bilden sich zarte gelbe (*Eruca*) bis weißliche Blüten (*Diplotaxis*).
Verwertbare Teile: Blätter.
Erntezeit: Blätter vor Austrieb des Blütenstängels, ansonsten ganzjährig im Handel.
Inhaltsstoffe: Viel Vitamin C, Senföle, Beta-Carotin, Asparaginsäure, Kalium, Eisen, Magnesium, Natrium, Phosphor, aber auch Nitrat.
Giftige Pflanzenteile: Blätter.
Toxische Substanzen: Nitrat, Senfölglykoside.
Vergiftungserscheinungen: Mit einer leichten Reizung des Magen-Darm-Trakts ist zu rechnen.
Erste Hilfe: Behandlung der Symptome.
Besonderheiten: Bei ausgewogener, abwechslungsreicher Fütterung ist mit gesundheitlichen Beeinträchtigungen nicht zu rechnen.

Vorsicht

Im Winter ist die Rauke als Treibhaussalat stark nitritbelastet und sollte in geringen Mengen gefüttert werden. Pestizide sind ein weiteres Problem, besser also den Salat selbst anbauen oder auf Bioprodukte ausweichen.

giftig als Futter geeignet | *giftig* | *giftig* | *giftig*

Rosmarin

Rosmarinus officinalis

Andere Bezeichnungen: Meertau, Weihrauchskraut, Brautkraut, Mottenkraut
Vorkommen: Wächst an sonnigen, trockenen Standorten in den Mittelmeergebieten, bevorzugt an den Küstenregionen. Gewürzpflanze.
Beschreibung: Der Rosmarin ist ein immergrüner, buschig verzweigter Halbstrauch aus der Familie der Lippenblütler, der eine Höhe von 2 m erreichen kann. Die dunkelgrünen Blätter sind schmal linealisch mit nach unten gerollten Rändern. Die Pflanze kann das ganze Jahr über mit blassblauen Blüten blühen.
Verwertbare Teile: Keine.
Inhaltsstoffe: Ätherische Öle, Gerbstoffe, Flavonoide, Glycolsäuren, Bitterstoffe, Saponine, Harz, Vitamin C.
Giftige Pflanzenteile: Blätter.
Toxische Substanzen: Ätherische Öle wie Eucalyptol und Kampfer.
Vergiftungserscheinungen: Schädigung des Magen-Darm-Trakts mit Erbrechen, Durchfällen, Nierenreizungen, Gebärmutterblutungen, Hautreizungen, Kontaktallergie.
Erste Hilfe: Behandlung der Symptome, bei länger anhaltenden Beschwerden zum Tierarzt.
Besonderheiten: Nagetiere vertragen in ganz geringen Mengen die äußeren Spitzen des Rosmarin. Die Pflanze ist stark Kreislauf anregend und eher eine Heil-, denn eine Futterpflanze.

Vorsicht

Der Rosmarin kann mit der Rosmarinheide (*Andromeda polifolia*) verwechselt werden, die sehr stark giftig ist.

stark giftig | stark giftig | stark giftig | stark giftig

Safran

Crocus sativus

Andere Bezeichnung: Herbstkrokus, Safrankrokus
Vorkommen: Beheimatet ist der Safrankrokus im östlichen Griechenland. Eine Krokusart, aus deren Blüten im Herbst das gleichnamige Gewürz entnommen werden kann.
Beschreibung: Die im Herbst blühende Pflanze besitzt 6 violette Blütenblätter, einen Fruchtknoten, 3 gelbe Staubblätter und wird von 6 bis 9 Laubblättern überragt. Am Scheitel des Fruchtknotens entspringen 3 zerbrechliche Narbenschenkel, die getrocknet das eigentliche Gewürz darstellen.
Giftige Pflanzenteile: Die Narbenschenkel und Knollen, über die anderen Pflanzenteile gibt es keine gesicherten Angaben.
Inhaltsstoffe: Safranal, Saponine, Ätherische Öle, wie Terpenalehyde und Terpenetone, Terpene wie Pinen und Cinerol und der Farbstoff Carotinoid.
Toxische Substanzen: Safranal in den Narbenschenkeln, Saponine in den Knollen.
Vergiftungserscheinungen: Störung der Blutgerinnung und Gefäßwandschäden mit Hautblutungen, Urämie, Abnahme der zirkulierenden Blutmenge, Blutdruckabfall und Wehenförderung (jedoch nicht bei der Maus), Reizungen des Magen-Darm-Trakts. Bereits 20 g wirken beim Menschen tödlich. Bedenkt man den kleineren Organismus der meisten Tiere, so kann man die entsprechenden Rückschlüsse ziehen.
Erste Hilfe: Behandlung der Symptome, Tierarzt aufsuchen.

stark giftig | stark giftig | stark giftig | stark giftig

Salbei, Wiesen-

Salvia pratensis

Andere Bezeichnungen: Sophie, Altweiberschmeckele, Salbine, Salver, Selve, Scharleikraut
Vorkommen: Ursprünglich aus dem Mittelmeerraum, ist die mehrjährige Pflanze heute kultiviert überall im Handel wie auch der Echte Salbei (*Salvia officinalis*) erhältlich. Der Wiesensalbei wächst auf kalkhaltigen und lehmigen Böden, an sonnigen Standorten.
Beschreibung: Die Pflanze wird bis 80 cm hoch, die Blätter sind beim Echten Salbei weißfilzig behaart, länglich und graugrün, beim Wiesensalbei dunkelgrün, größer und weniger behaart. Die Blüten sind blau oder violett.
Verwertbare Teile: Blätter, Triebspitzen, Blüten.
Erntezeit: Junge Blätter und Triebspitzen von April bis Juni, die Blüten von Juni bis Juli.
Inhaltsstoffe: Ätherische Öle mit den Inhaltsstoffen Cineol, Pinen, Thujon, Salven und Campher, Flavonoide, östrogenartige Stoffe und Bitterstoffe.
Giftige Pflanzenteile: Alle, auch bei der Kulturform.
Toxische Substanzen: Das Nervengift Thujon.
Vergiftungserscheinungen: Verwirrtheit, Schwindel, Halluzinationen, Wahnvorstellungen.
Erste Hilfe: Behandlung der Symptome, bei stärkeren Beschwerden den Tierarzt aufsuchen.

Vorsicht

Als Futterpflanze nicht geeignet! Der Wiesensalbei hat zwar einen geringeren Giftgehalt, trotzdem kann eine Fütterung nicht empfohlen werden!

als Futter gut | weder giftig noch nutzbar | weder giftig noch nutzbar | als Futter sehr gut

Sanddorn

Hippophae rhamnoides

Andere Bezeichnungen: Haffdorn, Dünendorn, Weidendorn, Seedorn, Stranddorn
Vorkommen: Der Sanddorn kommt in Eurasien und Europa bevorzugt an Küstenabschnitten, auf Sanddünen, in Kiesgruben und in lichten Wäldern vor, wird aber auch in Parks und Grünanlagen als Ziergehölz angepflanzt.
Beschreibung: Wächst als Baum oder Strauch bis zu einer Höhe von 10 m und ist sehr lichtbedürftig. Die Zweige sind silbergrau, dornig und sparrig, die Blätter schmal, länglich, bis zu 7 cm lang und silbriggrau, die Blüten sind unscheinbar bräunlich, die Früchte leuchtend orangegelb.
Verwertbare Teile: Früchte.
Erntezeit: Von September bis Oktober.
Inhaltsstoffe: Viel Vitamin C, außerdem B-Vitamine, Vitamin E und F, Kalzium, Magnesium, Flavonoide, Zuckeralkohole, Farbstoffe, Lycopin, Carotinoide, organische Säuren und in den Samen fettes Öl.
Besonderheiten: Der Geschmack der Früchte ist sehr säuerlich und ein Grundbestandteil der Wildvogelernährung. Aber auch viele einheimische und exotische Vögel akzeptieren die Beeren des Sanddorns als Futter. Sanddorn ist in vielen Heumischungen für Nagetiere enthalten.

schwach giftig | schwach giftig | schwach giftig | schwach giftig

Sauerampfer, Großer

Rumex acetosa

Andere Bezeichnung: Wiesensauerampfer
Vorkommen: Bereits im Altertum in Ägypten, Griechenland und Rom als Heilpflanze bekannt, verbreitete sich die Pflanze auch über ganz Europa, Nordamerika und Nordasien. Sie bevorzugt nährstoffreiche Wiesen und Weiden.
Beschreibung: Die Pflanze wird bis 1 m hoch, der Stängel ist aufrecht, die Blätter länglich, langstielig und pfeilförmig. Der Blütenstand rispenartig, unscheinbar grün, ins Rötliche verlaufend.
Verwertbare Teile: Blätter, Triebspitzen, Blütenknospen, Samen.
Erntezeit: Blätter von März bis Oktober, wobei die zarten Blätter bevorzugt werden. Die Triebspitzen und Blütenknospen von April bis Mai, die Samen von August bis Oktober.
Inhaltsstoffe: Eiweiß, Oxalsäure, Flavonoide, reichlich Vitamin C, Eisen, Carotin, Gerbstoffe, Hyperosid, Anthranoide in den Wurzeln.
Giftige Pflanzenteile: Alle.
Toxische Substanzen: Oxalsäure.
Vergiftungserscheinungen: Oxalsäure ist in hoher Kozentration giftig. Ihre wasserlöslichen Kalium-, Natrium- und Ammoniumsalze wirken ätzend, was reizend auf die Magen- und Darmschleimhaut wirkt, zudem langfristig Nierenschädigungen verursachen kann.
Besonderheiten: Bei einer gelegentlichen Fütterung in geringen Mengen muss nicht mit einer Gesundheitsschädigung gerechnet werden.

Vorsicht

Auch zu Heu getrocknet verliert der Sauerampfer seine toxischen Substanzen nicht.

giftig | giftig | giftig | giftig

Sauerklee

Oxalis acetosella

Andere Bezeichnungen: Waldklee, Hainklee, Hasenklee, Kuckucksklee
Vorkommen: Das Sauerkleegewächs bevorzugt saure Böden an schattigen, feuchten Standorten in Laubmisch- und Nadelwäldern. Es ist in den gemäßigten Breiten Europas und Asiens verbreitet.
Beschreibung: Die mehrjährige, krautige Pflanze erreicht eine Wuchshöhe von 15 cm, die kleeartig gefiederten Blätter sind umgedreht herzförmig, fleischig und grasgrün. Die 5-zähligen Blüten sind weiß bis blassrosa mit deutlich violetter Äderung. Die Pflanze ist nicht mit dem Rot- oder Weißklee verwandt.
Verwertbare Teile: Keine.
Giftige Pflanzenteile: Alle.
Toxische Substanzen: Oxalsäure, Kaliumoxalate, fettes Öl in den Samen und vermutlich noch andere Giftstoffe.
Vergiftungserscheinungen: Andere Reizungen, Oxalsäure bindet das Blutkalzium, das daraus entstehende Kalziumoxalat schädigt die Nieren, was zu Nierenversagen führen kann, zudem zu Muskelkrämpfen, Kreislaufstörungen und zentralen Lähmungen.
Erste Hilfe: Behandlung der Symptome, unter Umständen den Tierarzt aufsuchen.

Vorsicht

Zur Weihnachts- und Neujahrszeit wird eine Variante des Waldsauerklees in kleinen Töpfchen als Glücksklee im Handel angeboten. Diese Pflanze sollte nicht verfüttert werden!

giftig | giftig | giftig | giftig

Schachtelhalm, Acker-

Equisetum arvense

Andere Bezeichnungen: Zinnkraut, Katzenwedel, Schaftheu, Pfannenbutzer, Scheuerkraut
Vorkommen: Wächst auf der gesamten Nordhalbkugel bevorzugt auf lehmig-feuchten Standorten.
Beschreibung: Sieht aus wie ein kleiner Tannenbaum, die Triebe des Schachtelhalms stecken ineinander. Die Pflanze erreicht eine Höhe von 10 bis 50 cm, blüht nicht, sondern vermehrt sich durch Sporen an den fertilen, braunen Trieben, die im Frühjahr vor den unfruchtbaren grünen Sommertrieben erscheinen.
Verwertbare Teile: Keine.
Inhaltsstoffe: Kieselsäure, Kalium, Flavonoide, Sterole, seltene Dicarbonsäuren sowie geringe Mengen an Alkaloiden.
Giftige Pflanzenteile: Alle.
Toxische Substanzen: Ein Piperidinalkaloid, allerdings in geringeren Mengen als im Sumpfschachtelhalm, das Enzym Thiaminase, das Vitamin B1 zerstört und somit zu schweren Stoffwechselstörungen führt.
Vergiftungserscheinungen: Übererregbarkeit, Muskelzittern, Bewegungsstörungen, Zusammenbrechen, Magen-Darm-Entzündungen mit Durchfall. Leichte Vergiftungen zeigen sich durch Abmagern und Schwäche. Bei Pferden zeigen sich die Vergiftungssymptome als Taumelkrankheit.
Erste Hilfe: Behandlung der Symptome, Vitamin-B1-Gabe, eventuell den Tierarzt aufsuchen.
Besonderheiten: Der Schachtelhalm ist lediglich für Tiere giftig.

Vorsicht

Die Toxine sind auch im Dürrfutter (Heu) wirksam.

als Futter sehr gut | *als Futter sehr gut* | *weder giftig noch nutzbar* | *als Futter sehr gut*

Schafgarbe

Achillea millefolium

Andere Bezeichnungen: Achilleskraut, Bauchwehkraut, Blutstillkraut, Feldgarbenkraut, Gachelkraut, Gänsezungen, Grundheil, Schafrippen, Tausendblatt, Grützblume, Kachel, Katzenschwanz, Schafzunge, Zangeblume, Feldgarbenkraut, Garbenkraut, Katzenkraut
Vorkommen: Findet man fast weltweit in gemäßigten Zonen, auf Wiesen, an Weiden und Äckern auf nährstoffreichen Lehmböden.
Beschreibung: Die Pflanze wächst aufrecht, 15 bis 60 cm hoch, der Stängel ist beblättert, zäh und innen markhaltig, die Blätter länglich und lanzettlich, die Blüten weiß, gelb oder rosa.
Verwertbare Teile: Blätter und Blüten.
Erntezeit: Zarte Blätter bevorzugt, wenn sie noch zart und frisch sind, die Blüten von Juni bis Oktober.
Inhaltsstoffe: Ätherische Öle wie Azulen, Sesquiterpenlactone, Gerb- und Bitterstoffe, Flavonoide, Schleimstoffe, Kupfer, Kalium und Vitamine.
Giftige Pflanzenteile: Keine.
Besonderheit: Die Pflanze soll wundstillende Eigenschaften besitzen. Sie ist stark kalziumhaltig, daher nur in geringen Mengen an Heimtiere verfüttern, auch getrocknet.

Vorsicht

Man kann die Schafgarbe mit dem stark giftigen Schierling oder der Hundspetersilie verwechseln. An den lanzettlichen Blättern der Schafgarbe und am Geruch lässt sie sich allerdings unterscheiden.

als Futter geeignet | als Futter geeignet | nicht nutzbar | nicht nutzbar

Schaumkraut, Wiesen-

Cardamine pratensis

Vorkommen: Die Pflanze aus der Familie der Kreuzblütengewächse bevorzugt nasse Wiesen und feuchte Laubwälder und findet sich in ganz Europa bis nach Nordasien und Nordamerika.
Beschreibung: Die mehrjährige, krautige Pflanze bildet eine niedrige Blattrosette, aus der ein runder Stängel hervorwächst, der schmale, längliche, zierliche Fiederblätter trägt. Die Blüte ist 4-zählig, vereinigt in einer endständigen Blütentraube in Weiß und Blassrosa.
Verwertbare Teile: Blätter, Blütenknospen und Blüten.
Erntezeit: Ab April, während der ganzen Wachstumsperiode.
Inhaltsstoffe: Scharf schmeckende Senfölglykoside, Mineralstoffe, Bitterstoffe, Vitamin C.
Giftige Pflanzenteile: Alle.
Toxische Substanzen: Senfölglykoside.
Vergiftungserscheinungen: Leichte Reizungen des Magen-Darm-Trakts.
Erste Hilfe: Behandlung der Symptome, bei stärkeren Beschwerden den Tierarzt aufsuchen.
Besonderheiten: Das Wiesen-Schaumkraut wird von vielen Tierarten gerne angenommen, obwohl es leicht scharf schmeckt. Man sollte es aber wegen der enthaltenen Senfölglykoside nur in geringem Maße verfüttern. Allerdings enthält es auch sehr viel Vitamin C.

stark giftig | stark giftig | stark giftig | schwach giftig als Futter geeignet

Schierling, Gefleckter

Conium maculatum

Andere Bezeichnungen: Wiener-Schierling, Apotheker-Schierling, Ziegenkraut, Berstekraut, Vogeltod, Teufels-Peterlein, Dollkraut
Vorkommen: Europa, Nordafrika, Asien, Amerika.
Beschreibung: Die ein- bis zweijährige, krautige Pflanze wächst bis zu 2 m hoch. Der dicke, kahle, auffallend gerillte und gefleckte Stängel ist namensgebend. Die Blätter sind weich, gefiedert und dreieckig, die Blüten klein, weiß und in Dolden angeordnet, die Frucht ist grünlich braun und etwa 3 mm lang.
Verwertbare Teile: Keine.
Giftige Pflanzenteile: Alle.
Toxische Substanzen: Zwei Hauptalkaloide: Coniin in der reifen Pflanze und das Gamma-Conicein während des frühen Wachstums, Nebenalkaloide Conhydrin, Pseudoconhydrin, Methylconiin.
Vergiftungserscheinungen: Unruhe, Schluckbeschwerden und Speichelfluss, Erregung gefolgt von Depression, Reizung des Magen-Darm-Trakts mit Erbrechen, Durchfall, Lähmungserscheinungen, Muskelzittern und Muskelschwäche, Tod durch Atemlähmung.
Erste Hilfe: Behandlung der Symptome, sofortige Giftentfernung, schnellstens zum Tierarzt.
Besonderheiten: Der unangenehme Geruch nach Mäuseurin hält Mensch und Tier meist vom Verzehr ab, daher sind Vergiftungen selten.

Vorsicht

Verwechslungen mit Petersilie, Wilder Möhre und Hundspetersilie sind möglich!

nicht nutzbar | nicht nutzbar | nicht nutzbar | als Futter gut

Schlehe

Prunus spinosa

Andere Bezeichnungen: Schlehdorn, Heckendorn, Schwarzdorn, fälschlich auch Akazie
Vorkommen: Verbreitet in ganz Südeuropa, Vorderasien bis zum Kaukasus und Nordafrika, bevorzugt an sonnigen und trockenen Standorten.
Beschreibung: Der dornige Strauch kann eine Höhe bis zu 4 m erreichen und wird oft als Hecke gepflanzt. Die jungen Zweige sind behaart, die Blätter eiförmig, mit gesägtem Rand, die Blüten weiß, die Früchte kugelig und dunkelblau.
Verwertbare Teile: Blüten und Früchte.
Erntezeit: Die Blüten von April bis Mai, die Früchte kurz vor dem ersten Frost.
Inhaltsstoffe: Die Blüten enthalten Flavonoide, allerdings auch Spuren von Blausäureglykosiden, in den Früchten Anthocyane, Gerbstoffe, Zucker, Vitamin C und Fruchtsäure, Blausäureglykoside in den Kernen.
Giftige Pflanzenteile: Blüten und Früchte.
Toxische Substanzen: Blausäureglykosid Amygdalin, in ganz geringen Mengen.
Vergiftungserscheinungen: Magen-Darm-Probleme bei Fütterung von sehr großen Mengen.
Erste Hilfe: Behandlung der Symptome.
Besonderheiten: Die frischen Früchte sind ausgesprochen sauer, nach mehrmaligem Durchfrieren im Herbst werden sie schmackhafter.

Vorsicht

Trotz der Blausäureglykoside wird die Schlehe in der Literatur als nicht giftig aufgeführt! Dem Halter bleibt überlassen, ob er seinen Vögeln die Beeren der Schlehe anbieten will.

schwach giftig | schwach giftig | schwach giftig | schwach giftig

Schneebeere, Gewöhnliche

Symphoricarpos albus

Andere Bezeichnungen: Knallerbse, Knackbeere, Eisbeere
Vorkommen: In Nordamerika beheimatet, ist das Geißblattgewächs auch in ganz Europa, vor allem als Ziergehölz in Gärten und Parks zu finden.
Beschreibung: Der sommergrüne Strauch wird selten höher als 2 m und hat schlanke, überhängende Äste. Die Blätter sind kurz gestielt, eiförmig, stumpfgrün und glatt gerandet. Die Blüten weißrosa, glockig und stehen in dichten Ähren. Die Früchte sind schneeweiße, kugelige, 1 bis 1,5 cm große Steinfrüchte, fälschlicherweise als Beeren bezeichnet, die beim Zerdrücken knallen.
Verwertbare Teile: Keine.
Inhaltsstoffe: Saponine in den Früchten.
Giftige Pflanzenteile: Früchte.
Toxische Substanzen: Saponine, Isochinolin-Alkaloid Chelidonin sowie weitere Alkaloide und ein noch unerforschter, stark reizender Wirkstoff.
Vergiftungserscheinungen: Haut- und Schleimhautreizungen, Brechdurchfall, Reizung des Magen-Darm-Trakts bei Konsum großer Mengen, Fieber, Müdigkeit.
Erste Hilfe: Behandlung der Symptome.
Besonderheiten: Einheimische Vögel fressen die Beeren anscheinend häufig und auch Kleinsäuger wie die Taschenratte nehmen die Beeren ohne Schaden zu sich. Eine Empfehlung zur Fütterung an Heimtiere kann aber nicht gegeben werden.

Vorsicht

Der Hautkontakt kann Reizungen auslösen, unter Umständen auch bei Tieren.

als Futter geeignet | weder giftig noch nutzbar | weder giftig noch nutzbar | als Futter sehr gut

Sonnenblume

Helianthus annuus

Vorkommen: In den USA ursprünglich beheimatet, ist die Pflanze aus der Familie der Korbblütler als Kulturpflanze heute fast weltweit verbreitet. Sie bevorzugt nährstoffreiche Böden in sonniger Lage.
Beschreibung: Die aufrechte, schnell wachsende, bis zu 3 m hohe Pflanze hat herzförmige, gezahnte, wechselständige Blätter, die stark behaart sind. Die Blütenköpfe sind endständig mit einem Durchmesser bis 35 cm, meist mit sonnengelben Zungenblüten am Rand und braunen Röhrenblüten in der Mitte, die nach der Befruchtung die Sonnenblumenkerne als Samen ausbilden. Die einsamigen Schließfrüchte sind 1 bis 1,5 cm lang, braun bis schwarz oder gestreift. An sonnigen Tagen folgt die Blüte der Sonne.
Verwertbare Teile: Die halbreifen und reifen Samen, auch in der Blüte.
Erntezeit: Die Samen von Juni bis Oktober.
Inhaltsstoffe: Kerne: Fettsäuren, Vitamin E, D, K, B, A und F, Karotin, Kalzium und Magnesium.
Besonderheiten: Die Sonnenblumenkerne sind ein hervorragendes Futter besonders für größere Vögel. Aber Vorsicht, sie sind sehr fetthaltig und sollten nicht zu oft angeboten werden. Auch besteht die Gefahr, dass Samen ranzig werden. Einige Vögel zeigen sich eher skeptisch den großen Blüten gegenüber, dann sollten die Samen ohne Blüte gegeben werden.

Vorsicht

Chinchillas vertragen keine Sonnenblumenkerne.

Stiefmütterchen

Viola tricolor

Andere Bezeichnungen: Ackerveilchen, Dreifaltigkeitskraut, Gedenkemein, Liebesgesichtli, Mädchenauge, Muttergottesschuh, Schöngesicht, Tag-und-Nacht-Blümchen, Samtblümchen
Vorkommen: Das dreifarbige Veilchen kommt fast in ganz Europa vor und wächst bevorzugt auf Wiesen, an Wegrändern und auf Brachland. Als Kulturpflanze kann man es auch in Gärten finden.
Beschreibung: Die krautige Pflanze wird 10 bis 40 cm hoch, die Blätter sind wechselständig. Die Blüte ist langstielig und die fünf Blütenblätter sind immer gleich angeordnet. Unter einem breiten, meist bunten Blütenblatt, der Stiefmutter, das von zwei Kelchblättern getragen wird, sitzen rechts und links die beiden Töchter, ebenfalls auf einem Kelchblatt. Die beiden Stieftöchter sitzen in einem einzigen Kelchblatt zusammen obenauf.
Verwertbare Teile: Blätter und junge Triebe, Blüten, Samen.
Erntezeit: Die Blätter von März an, die Blüten von April bis September, Samen ab Mai bis September.
Inhaltsstoffe: Salicylsäure, Schleimstoffe, Gerbstoffe, Flovonoide, Cumarine, Vitamin A und E.
Besonderheiten: Die Pflanze schmeckt mild salatartig und wird von fast allen Tieren sehr gerne genommen. Die Samen sind ein beliebtes Beifutter für kleinere Vögel.

schwach giftig als Futter gut | schwach giftig als Futter gut | schwach giftig | schwach giftig

Storchschnabel

Geranium robertianum

Andere Bezeichnungen: Ruprechtskraut, Gottesgabe, Stinkender Storchenschnabel, Rotlaufkraut, Orvale, Gottesgnadenkraut
Vorkommen: Heimisch in fast ganz Europa, aber auch in Nord- und Südamerika als Zierpflanze. Wächst bevorzugt an schattigen Mauern, Schuttplätzen und Felsen auf wenig nährstoffreichen Böden.
Beschreibung: Die kurzlebige, stark unangenehm riechende Pflanze wird bis 50 cm hoch und wächst krautig, buschig und oft horstartig als Strauch oder Halbstrauch. Der Stängel ist aufrecht, verzweigt, rötlich mit grünen oder rotgrünen Blättern, die oft fiederspaltig geformt sind. Die Blüten sind klein und rosafarben, in der Zuchtform auch leuchtend blau.
Verwertbare Teile: Blätter und Blüten.
Erntezeit: Blätter von April an, Blüten von Juni bis August.
Inhaltsstoffe: Ätherische Öle: Geraniol, Germacren D, Limonen, Linalool, Terpineol, Bitterstoffe, organische Säuren wie Kaffeesäure.
Giftige Pflanzenteile: Keine belegten Angaben.
Toxische Substanzen: Toxine unbekannt.
Vergiftungserscheinungen: Fälle von Kontaktdermatitis, ansonsten keine belegten Angaben.
Erste Hilfe: Behandlung der Symptome.
Besonderheiten: Vergiftungen sind nicht belegt. Der Storchenschnabel gilt als gute Futterpflanze für Nagetiere und Reptilien, die gerne ab und zu verfüttert werden kann.

giftig | giftig | giftig | giftig

Sumpfdotterblume

Caltha palustris

Andere Bezeichnungen: Schmalblume, Butterblume, Eierblume, Wiesengold, Goldrose, Bachbromele
Vorkommen: In Europa, dem nördlichen Asien und dem nördlichen Nordamerika beheimatet, ist die Sumpfdotterblume bevorzugt auf Sumpfwiesen verbreitet.
Beschreibung: Die mehrjährige, krautige Pflanze aus der Familie der Hahnenfußgewächse erreicht eine Wuchshöhe von 15 bis 60 cm mit einem aufsteigenden Stängel, der im oberen Bereich stark verzweigt und mehrblütig ist. Die Laubblätter sind dunkelgrün, glänzend, herzförmig und am Rand gekerbt. Die einfachen, goldgelben Schalenblüten bestehen aus fünf ovalen Perigonblättern.

Verwertbare Teile: Keine.
Giftige Pflanzenteile: Alle.
Toxische Substanzen: Protoanemonin, Pyrrolizidin- und Aporphin-Alkaloide, Flavonglykoside, Magnoflorin, Saponine.
Vergiftungserscheinungen: Lokale Reizungen der Haut bei Kontakt, ansonsten Reizung des Magen-Darm-Trakts mit Übelkeit, Erbrechen und Krämpfen, zudem erst Erregung, dann Lähmung des Zentralen Nervensystems.
Erste Hilfe: Behandlung der Symptome, Medizinalkohle, den Tierarzt aufsuchen.

Vorsicht

Die Toxine bleiben auch im Dürrfutter erhalten, was besonders für Nagetiere problematisch sein kann, die mit Heu aus dem Eigenanbau versorgt werden.

schwach giftig als Futter gut | als Futter gut | nicht nutzbar | als Futter gut

Tagetes

Tagetes patula

Andere Bezeichnungen: Stinkpitterchen, Studentenblume, Sammetblume, Totenblume, Stinkende Hoffart
Vorkommen: Ursprünglich in Mexiko und Mittelamerika beheimatet, wird sie in vielen Zuchtformen heute in Gärten kultiviert, anspruchslos, bevorzugt sonnige Standorte.
Beschreibung: Die krautige, ein- bis mehrjährige Pflanze hat einen eher unangenehmen Geruch nach Anis und Waldmeister, die Zuchtform Gewürztagetes, *Tagetes tenuifolia*, riecht angenehmer und schmeckt auch Tieren. Die Blätter sind dunkelgrün und gefiedert, die Farbe der Blüten sonnengelb bis bräunlich rot.
Verwertbare Teile: Blüten und Blätter.
Erntezeit: Von Juni bis Oktober.
Inhaltsstoffe: Thiophene und Verbindungen, die eine salvinorinartige Struktur aufweisen, ätherische Öle, Derivate des Cumarins, Cyanglykoside, Inosit, Gerbsäuren und Seifenstoffe.
Giftige Pflanzenteile: Alle, in ganz geringen Maßen.
Toxische Substanzen: Die Blüten enthalten viel Lutein, ein gelber Farbstoff, der zum Färben von Lebensmitteln aus den Blüten gewonnen wird. Lutein wird auch als Nahrungsergänzung bei Macula-Degeneration der Augen verwendet, wobei die Wirkungsweise jedoch unbekannt ist. Man hat Maximalwerte für Menschen ermittelt, wann aber eine Lutein-Überdosis für die Maus vorliegt, ist ungewiss. Also lieber nur vereinzelt Tagetes für Mäuse und Co.
Vergiftungserscheinungen: Größere Mengen können halluzinogen wirken.

als Futter gut | als Futter gut | weder giftig noch nutzbar | als Futter gut

Taubnessel, Weiße

Lamium album

Andere Bezeichnungen: Tote Nessel, Zahme Nessel, Milde Nessel, Lugnessel, Zauberkraut, Blumennessel, Kuckucksnessel, Wurmnessel
Vorkommen: Ursprünglich aus Eurasien und dem nördlichen Afrika, ist die Pflanze heute auch in ganz Europa zu finden. Sie wächst bevorzugt an Wegrändern, Hecken oder Schuttplätzen, auf nährstoffreichen Lehmböden.
Beschreibung: Die mehrjährige Pflanze wird bis 50 cm hoch, die Stängel sind aufrecht, vierkantig, die Blätter herzförmig mit grob gesägtem Rand und leicht behaart, die Blüten sind weiß und duften nach Honig.
Verwertbare Teile: Junge Blätter und Triebspitzen, Blüten.
Erntezeit: Blätter und Triebspitzen während der ganzen Vegetationsperiode, die Blüten von April bis Oktober.
Inhaltsstoffe: Kalium, Phosphor, Kalzium, Bor, Eisen, Magnesium, Kupfer, Zink, Schwefel, geringe Spuren ätherischer Öle, Flavonoide, Glykoside, Saponine, Schleim- und Gerbstoffe.
Giftige Pflanzenteile: Keine.
Besonderheiten: Andere mitteleuropäische Nesselarten wie die Gefleckte Taubnessel (*Lamium maculatum*) können ebenso verfüttert werden. Getrocknet ist die Taubnessel ein gutes Heu für Nagetiere.

Vorsicht

Es können bei Nagetieren Magen-Darm-Störungen beim Verfüttern sehr großer Mengen auftreten. Daher nur sparsam anbieten.

stark giftig | stark giftig | stark giftig | stark giftig

Tollkirsche, Echte

Atropa belladonna

Andere Bezeichnungen: Belladonna, Mörderbeere, Teufelsbeere, Irrbeere
Vorkommen: Beheimatet in Europa, der Türkei, den Kaukasusländern sowie Teilen Nordafrikas und Asiens, ist dieses Nachtschattengewächs an Waldrändern, Lichtungen und Gehölzen auf humusreichen, kalkhaltigen Böden zu finden.
Beschreibung: Die ausdauernde, krautige, weit verzweigte Pflanze wächst aufrecht bis zu 1,50 m hoch. Die graugrünen Blätter sind ungleich groß, eiförmig und abstehend. Die einzelnen, violettbraunen Blüten haben die Form einer röhrenförmigen Glocke, die Beerenfrucht ist glänzend schwarz.
Verwertbare Teile: Keine.
Giftige Pflanzenteile: Alle.
Toxische Substanzen: Hyoscyamin, Apoatropin, Scopolamin, Tropin, Pseudotropin, Tropinon und einige Pyrrolidinalkaloide wie Hygrin, Hygrolin, Cuscohyrgrin und andere.
Vergiftungserscheinungen: Erregungszustände, trockene Schleimhäute, Schluckbeschwerden, Durst, Atembeschleunigung, erhöhter Puls, Tobsucht, Störungen des Bewegungsablaufs, Tod durch Atemlähmung.
Erste Hilfe: Behandlung der Symptome, unverzüglich den Tierarzt aufsuchen.
Besonderheiten: Die toxische Intensität ist stark abhängig vom Standort.

Vorsicht

Schon eine oder zwei Beeren können für kleinere Tiere tödlich sein. Katzen reagieren am empfindlichsten.

als Futter sehr gut | weder giftig noch nutzbar | weder giftig noch nutzbar | als Futter sehr gut

Topinambur

Helianthus tuberosus

Andere Bezeichnungen: Erdäpfel, Erdbirne, Ewigkeitskartoffel, Indianerknolle, Jerusalem-artischocke, Kleine Sonnenblume, Rossäpfel, Zuckerkartoffel, Rosskartoffel
Vorkommen: Das ursprüngliche Verbreitungsgebiet ist vermutlich Mexiko, die Pflanze wird heute allerdings in fast allen Kontinenten als Kulturpflanze angebaut. Sie bevorzugt fruchtbare, feuchte Erde und einen sonnigen Standort.
Beschreibung: Die mehrjährige, krautige Pflanze sieht der eigentlichen Sonnenblume sehr ähnlich, hat jedoch kleinere, ebenfalls gelbe Blüten, blüht auch etwas später und die körbchenförmigen Blütenstände sitzen im Gegensatz zu den endständigen Blüten der Sonnenblume in den Achseln der oberen Laublättern. Sie wird etwa 2,5 m hoch, die Blätter sind vorne zugespitzt, am Rand gezähnt.
Verwertbare Teile: Blüten, Kraut, Samen und Knollen.
Erntezeit: Die Blüten von August bis Oktober, die Knollen ab Mitte Oktober. Die halbreifen und reifen Samen von September bis Oktober an Vögel.
Inhaltsstoffe: Die Knollen enthalten viele Mineralien und sind reich an Kalium und Eisen, Vitamin B, Inulin, Salicylsäure und anderen Polyphenolen.
Besonderheiten: Die Samen können den Vögeln noch in der Blüte angeboten werden, man kann sie aber auch trocknen. Nagetiere, vor allem Chinchillas, nehmen aber auch das getrocknete Kraut.

schwach giftig | schwach giftig als Futter geeignet | nicht nutzbar | giftig

Veilchen, Wohlriechendes

Viola odorata

Andere Bezeichnungen: Märzveilchen, Veigele
Vorkommen: Wächst bevorzugt auf nährstoffreichen Böden an Waldrändern in gemäßigten Zonen an lichten und halbschattigen Plätzen, auch in den Anden, Japan und Australien.
Beschreibung: Die einjährige, krautige Pflanze wird nur 10 cm hoch und hat nieren- oder herzförmige, dunkelgrüne Blätter, die in einer Rosette stehen, sowie kleine, violette Blüten mit 5 Kronblättern. Sie wächst auf Grund des kriechenden Wurzelstocks in einer Art Teppich.
Verwertbare Teile: Blüten, Triebe und Blätter.
Erntezeit: Anfang März bis Ende April.
Inhaltsstoffe: Saponine, Bitterstoffe, Alkaloide, Eugenol, Flavonoide, Salicylsäuremethylester, Schleim und Odoratin, in den Blüten ätherische Öle mit Curcumen und Eugenol und den blauen Farbstoff Cyanin, das Alkaloid unbekannter Struktur und Wirkung Violin (Viola-Emetin).
Giftige Pflanzenteile: Alle Teile sind auf Grund des Eugenols sehr schwach giftig.
Toxische Substanzen: Eugenol.
Vergiftungserscheinungen: Die Inhaltsstoffe können zellgiftig und gentoxisch sein, Saponine besitzen hämolytische Eigenschaften, doch wurden bei oraler Gabe verschieden hoher Konzentrationen der Pflanzenextrakte (200 bis 1600 mg/kg Körpergewicht) an Kaninchen über mehrere Tage keine toxischen Effekte nachgewiesen.
Besonderheiten: Bei einer gelegentlichen Fütterung ist keine gesundheitliche Schädigung zu erwarten. Besonders Reptilien, wie Bartagamen oder Schildkröten, nehmen die Blüte und die Blätter sehr gerne ab und zu als kleine Leckerei.

schwach giftig | schwach giftig als Futter gut | schwach giftig | schwach giftig

Vergissmeinnicht, Acker-

Myosotis arvensis

Vorkommen: Das Borretschgewächs bevorzugt nährstoffreiche Standorte und ist auf Getreidefeldern und in Waldschlägen zu finden, aber auch gerne als Kulturpflanze in Gärten und auf Balkonen.
Beschreibung: Die ausdauernde, krautige, einjährige Pflanze hat ganzrandige, behaarte, längliche, grüne Blätter, jedoch kaum Hochblätter. Die kleinen, sternförmigen, leuchtend blauen, selten weißen oder rosafarbenen Blüten haben eine glockig-trichterförmige Form und sind in großer Zahl vorhanden. Es werden vier eiförmige, bräunlich schwarze Teilfrüchte gebildet.
Verwertbare Teile: Blüten und Blätter.
Giftige Pflanzenteile: Alle.
Inhaltsstoffe: Rosmarinsäure, Gerbstoffe, Alkaloide, wahrscheinlich auch ein Pyrrolizidinalkaloid.
Toxische Substanzen: Pyrrolizidinalkaloid.
Vergiftungserscheinungen: Pyrrolizidinalkaloide wirken langfristig leberschädigend, wenn sie in großen Mengen aufgenommen werden.
Besonderheit: Das Alpen-Vergissmeinnicht (*Myosotis alpestris*) hat die gleichen Inhaltsstoffe wie das Acker-Vergissmeinnnicht.

Vorsicht

Gerade pflanzenfressende Reptilien mögen ab und zu gerne die Vergissmeinnichtblüten. Gelegentliche Fütterung sehr kleiner Mengen erscheint unbedenklich, die Entscheidung darüber kann dem Halter allerdings nicht abgenommen werden.

Vogelmiere

Stellaria media

Andere Bezeichnungen: Sternmiere, Hühnerdarm, Mäusedarm, Meiderich
Vorkommen: Weltweit verbreitet, wächst fast überall in Gärten, an Wegrändern, auf Wiesen, sogar wild in Balkonkästen und bevorzugt stickstoffreiche Böden, bei guter Wasserversorgung.
Beschreibung: Die einjährige Pflanze wächst eher kriechend und erreicht bestenfalls eine Höhe von 30 cm. Die Stängel sind stark verästelt mit kleinen, fleischigen, sattgrünen Blättern und kleinen, sternförmigen weißen Blüten.
Verwertbare Teile: Ganze Pflanze.
Erntezeit: Die ganze Vegetationsperiode über.
Inhaltsstoffe: Sehr viele Mineralstoffe wie Kalzium, Kalium, Magnesium, Eisen. Die Vitamine A, C, B1, B2 und B3, das Spurenelement Selen, Schleimstoffe, Saponine, Flavonoide, Kieselsäure, Gamma-Linolensäure.
Giftige Pflanzenteile: Keine.
Toxische Substanzen: Saponine, die jedoch nicht generell als toxisch bezeichnet werden können. Einige Saponine besitzen nach intravenöser Applikation eine hämolytische Wirkung. Ansonsten wirken Saponine antibiotisch.
Besonderheiten: Die ideale Futterpflanze für alle Tiere. Schmeckt etwas würziger als Kopfsalat und leicht nach Mais. Die Pflanze kann auch getrocknet verfüttert werden.

Vorsicht

Angewelkte Pflanzen sollten, wie bei allem anderen Grünfutter, nicht gegeben werden.

weder giftig noch nutzbar | als Futter sehr gut | weder giftig noch nutzbar | als Futter sehr gut

Vogelwicke

Vicia cracca

Vorkommen: Ursprünglich in den gemäßigten Zonen Eurasiens beheimatet, ist die Pflanze, die zur Familie der Schmetterlingsblütler zählt, mittlerweile auch in Nordamerika beheimatet. Sie bevorzugt feuchte Lehm- und Tonböden an Waldrändern, Heckensäumen und Flussufern.
Beschreibung: Die mehrjährige, krautige Pflanze erreicht eine Wuchshöhe von 30 cm bis 1,20 m, die 8 bis 12 cm langen, paarig angeordneten Laubblätter sind gefiedert mit einer verzweigten Endranke. Die Wicke hat traubenförmige Blütenstände mit 10 bis 40 Einzelblüten und blüht violett. Sie wächst kletternd an anderen Pflanzen hoch. Die Hülsenfrüchte sind etwa 2,5 cm lang und verbreiten sich durch einen Schleudermechanismus.

Verwertbare Teile: Junge Triebe und Blätter und die Blüten, für Vögel die Samen.
Erntezeit: Triebe und Blätter von April bis Juni, die Blüten in Juni und Juli, die Samen von Juli bis August. Die Samen werden von Vögeln halbreif und reif genommen.
Inhaltsstoffe: Gerbstoffe, Asparagin, Vitamine, Spurenelemente.
Giftige Pflanzenteile: Keine.
Besonderheiten: Die Pflanze hat keinerlei Heilwirkung, ist aber eine altbekannte Futterpflanze.

Vorsicht

Verwechslung mit der Zaunwicke (*Vicia sepium*) möglich, die bis auf die Samen eine gute Futterpflanze ist. Die Samen enthalten Blausäure und sind somit giftig.

stark giftig | stark giftig | stark giftig | stark giftig

Wacholder, Stink-

Juniperus sabina

Andere Bezeichnungen: Sevenbaum, Giftwacholder, Kindermord, Sadebaum
Vorkommen: Beheimatet in den Gebirgsregionen Mittel- und Südeuropas, den Alpen und den Pyrenäen und in Nordasien. Sehr oft auch in Gärten und Parkanlagen als Ziergehölz.
Beschreibung: Der immergrüne, dicht verzweigte Strauch oder Baum wird bis zu 3 m hoch. Die Blätter sind schuppenförmig, die Blüten klein und unscheinbar, die Früchte kugelig.
Verwertbare Teile: Keine.
Giftige Pflanzenteile: Alle, besonders die Zweigspitzen.
Toxische Substanzen: Ätherische Öle: Sabinen, Sabinylacetat, Sabinol, zyklische Monoterpene, Harze, Gerbstoffe, Pinipicrin.
Vergiftungserscheinungen: Hautenzündungen und -nekrosen, auch der intakten Haut, Reizungen des Magen-Darm-Trakts mit Übelkeit, Erbrechen und heftigem, blutigem Durchfall, Blut auch im Urin, Nierenschädigungen, Fehlgeburten, Bewusstlosigkeit, Tod durch Atemlähmung.
Erste Hilfe: Behandlung der Symptome, Abwaschen der betroffenen Hautstellen, Medizinalkohle, sofort den Tierarzt aufsuchen.
Besonderheiten: Der Gewöhnliche Wacholder (*Juniperus communis*) ist nur schwach giftig.

Vorsicht

Gefährdet sind Tiere, die ein Freigehege in unmittelbarer Nähe eines Wacholderstrauchs haben.

giftig | giftig | giftig | giftig

Waldmeister

Galium odoratum

Andere Bezeichnungen: Maikraut, Maiblume
Vorkommen: Die Pflanze ist in fast ganz Europa wie auch in Vorderasien beheimatet und bevorzugt nährstoffreiche, lehmige Böden, in krautreichen, schattige Buchen- oder Laubmischwäldern.
Beschreibung: Die ausdauernde Pflanze wird bis zu 25 cm hoch, die lanzettlichen Blätter sind am vierkantigen Stängel quirlständig angeordnet, die glockenförmigen Blüten sind klein und weiß.
Verwertbare Teile: Blätter.
Erntezeit: April bis Juni.
Inhaltsstoffe: Cumarin, Gerb- und Bitterstoffe, Asperulosid und andere Glykoside, Flavonoide.
Giftige Pflanzenteile: Alle.
Toxische Substanzen: Cumarin.
Vergiftungserscheinungen: Cumarine sind zwar nur schwach toxisch, können in sehr hohen Dosen aber zu reversiblen Nieren- und Leberschäden, Kopfschmerzen, Benommenheit, Übelkeit und Blutgerinnungsstörungen führen. Bei einer gelegentlichen Fütterung an die Tiere in geringen Mengen muss nicht mit einer Gesundheitsschädigung gerechnet werden. Allerdings gibt es keine Richtwerte für Tiere, daher ist Vorsicht geboten.
Erste Hilfe: Behandlung der Symptome, bei stärkeren Beschwerden den Tierarzt aufsuchen.

Vorsicht

Da der Cumaringehalt im Waldmeister sehr hoch ist, ist eine Fütterung nicht empfehlenswert.

als Futter gut | nicht nutzbar | nicht nutzbar | als Futter sehr gut

Walnuss

Juglans regia

Andere Bezeichnung: Wälsche Nuss
Vorkommen: Mit Ursprung im östlichen Mittelmeergebiet, Vorder- und Mittelasien, mittlerweile auch in Europa und Nordamerika kultiviert und verwildert zu finden.
Beschreibung: Der sommergrüne Laubbaum kann bis zu 25 m hoch werden, die Blätter sind wechselständig, mit 5 bis 9 Fiederblättern und einer Länge bis zu 40 cm. Die Fiedern sind eiförmig und dunkelgrün. Die unscheinbaren Blüten sind eingeschlechtlich, ein Baum hat männliche Blüten von grünlicher und weibliche von rötlicher Farbe.
Verwertbare Teile: Samen.
Erntezeit: Die Walnüsse ab Ende September.
Inhaltsstoffe: Magnesium, Kalium, Kalzium und Kupfer, viele Vitamine, besonders Vitamin E, ungesättigte Fettsäuren, Melatonin.
Giftige Pflanzenteile: Gerbsäuren in Blättern, Rinde und Fruchtfleisch können Hautreizungen verursachen.
Toxische Substanzen: Gerbsäuren und Bitterstoffe.
Besonderheiten: Da Nüsse sehr fetthaltig sind, nur in geringen Mengen verfüttern.

Vorsicht

Die Nüsse müssen von allen Rückständen der Fruchtschale gereinigt sein. Helle Schalenfarbe und unversehrtes Fruchtfleisch stehen für gute Qualität. Schwarze Färbungen deuten auf Schimmelbefall hin!

als Futter sehr gut | als Futter sehr gut | weder giftig noch nutzbar | als Futter sehr gut

Wegerich, Breit-

Plantago major

Andere Bezeichnungen: Wegebreit, Wegeblatt, Wegtritt, Wegetrene, Rippenblatt, Saurüssel, Mausöhrle, Ackerkraut
Vorkommen: Die zähe, trittfeste Pflanze aus der Familie der Wegerichgewächse kommt an Wegrändern in Asphaltspalten, auf Wiesen und Weiden vor. Ursprünglich in Europa beheimatet, findet sich die Pflanze mittlerweile fast weltweit.
Beschreibung: Rosettenförmige Blattanordnung bei einer Höhe von etwa 30 cm. Die löffelförmigen Laubblätter sind breit, oval und an den Rändern wellig mit langen Nerven, die bis in den Stängel hineingehen. Der ährenförmige Blütenstand des Wegerichs besteht aus zahlreichen unscheinbaren, bräunlichen Blüten.
Verwertbare Teile: Die zarten Blätter, die einen leicht nussigen, champignonartigen Geschmack haben, als Futter für Vögel, Reptilien und Nagetiere und die halbreifen und reifen Samenstände für Vögel.
Erntezeit: Die Blätter von April an, die Samen von Juni bis November. Sie können auch eingefroren werden.
Inhaltsstoffe: Das Glykosid Aukubin und andere, Schleimstoffe, Bitterstoffe, Gerbstoffe, Saponine, Flavonoide, Kieselsäure, Zink, Kalium, viel Vitamin C und B.
Besonderheiten: Wirkt antibakteriell und ist eine gute Futterpflanze, die gerne von den Tieren angenommen wird. Allerdings sollte man gerade beim Wegerich Pflanzen von wenig begangenen Stellen nehmen, da sonst die Verschmutzung unter Umständen zu groß ist.

als Futter sehr gut | als Futter sehr gut | weder giftig noch nutzbar | als Futter sehr gut

Wegerich, Spitz-

Plantago lanceolata

Andere Bezeichnungen: Spießkraut, Lungenblattl, Schlangenzunge, Spitzfederich
Vorkommen: Der Wegerich ist ursprünglich in Europa beheimatet, mittlerweile aber fast weltweit verbreitet und wächst auf Wiesen, Weiden, an Wegrändern und Schuttplätzen.
Beschreibung: Die krautige, mehrjährige Pflanze kann bis zu 60 cm hoch werden. Die schmalen, spitz zulaufenden, lanzettlichen, blattstiellosen Blätter wachsen rosettenförmig angeordnet, am Rand der Rosette nah über dem Boden, im Zentrum auch stehend. Die Blüten sind klein und weiß in einer braunen, walzenförmigen Blütenähre.
Verwertbare Teile: Die zarten Blätter der Rosettenmitte und Blüten sind gut für Reptilien und Nagetiere, die Samen werden von den Vögel gerne genommen.
Erntezeit: Blätter am besten noch vor der Blüte, Blüten von Mai bis Juli, Samen von August bis Oktober.
Inhaltsstoffe: Iridoid-Glykoside wie Aucubin, Gerbstoffe, Schleimstoffe, Saponine, Flavonoide: hauptsächlich Apigenin und Luteolin, Kieselsäure, Zink, Kalium und viel Vitamin C und B.
Besonderheiten: Alle Wegerichgewächse wirken antibakteriell, sind erfrischend und reinigend. Auch getrocknet für Nagetiere geeignet. Wirkt als Aufguss heilend bei Atemwegserkrankungen, Entzündungen von Maul- und Rachenschleimhaut und entzündlichen Veränderungen der Haut.

schwach giftig
als Futter sehr gut

schwach giftig
als Futter geeignet

schwach giftig
nicht nutzbar

als Futter sehr gut

Wegwarte, Gemeine

Cichorium intybus

Andere Bezeichnungen: Zichorie, Sonnenwedel, Hansl am Weg, Sonnenbraut, Wegeleuchte, Verwünschte Jungfrau, Faule Gretl, Wegtritt, Falsche Kornblume

Vorkommen: In Europa, Westasien und Nordwestafrika verbreitet, bevorzugt auf Brachland und an Wegrändern, auf trockenen, nährstoffreichen Böden an sonnigen Standorten. Es gibt auch kultivierte Gartenvarianten.

Beschreibung: Die mehrjährige, krautige Pflanze hat einen stark verzweigten, aufrechten oder liegenden, kahlen Stängel mit grundständigen Blättern. Die Blüten sind blauviolett.

Verwertbare Teile: Die zarten Blätter vor der Blüte, Blüten und halbreife und reife Samen für die Vögel.

Erntezeit: Die ganz jungen Blätter ab April und die Samen von August bis Oktober.

Inhaltsstoffe: Bitterstoffe, Inulin, Glykoside, Cumarine in geringen Mengen.

Giftige Pflanzenteile: Alle.

Toxische Substanzen: Cumarine.

Vergiftungserscheinungen: Cumarine können in sehr hohen Dosen zu reversiblen Leberschäden, Kopfschmerzen, Benommenheit und Übelkeit führen. Bei einer gelegentlichen Fütterung in geringen Mengen muss nicht mit einer Gesundheitsschädigung gerechnet werden.

Erste Hilfe: Behandlung der Symptome.

Besonderheiten: Die Wegwarte sollte getrocknet an Nagetiere verfüttert werden, über die Fütterung frischer Pflanzen gibt es keine gesicherten Erkenntnisse. Die Vögel nehmen gerne die Samen.

Weide, Silber-

Salix alba

Vorkommen: Das Verbreitungsgebiet der etwa 450 Arten der Weidengewächse erstreckt sich über die nördlichen, gemäßigten Breiten bis fast zur Arktis, bevorzugt an feuchten Standorten, wie Waldrändern, Ufern und auf Wiesen.

Beschreibung: Die Weiden wachsen als Laubbäume und werden bis zu 30 m hoch. Das Holz ist biegsam, die Baumform ist in jungen Jahren spitz, kegelig, verliert sich aber bei älteren Bäumen. Der Stamm hat eine gräuliche, tief gefurchte Borke, die jungen Zweige sind gelblich bis rot-bräunlich. Die Blätter zeigen sich schmal lanzettförmig, dunkelgrün mit silbriger Unterseite und drüsigem, gesägtem Blattrand. Die männlichen Blüten sind gelb, die weiblichen grünlich. Der Samen trägt lange, weiße Haare, die als Flughilfe dienen.

Verwertbare Teile: Ganz junge Blätter, Knospen.

Erntezeit: Ab April.

Inhaltsstoffe: Salicylate, ein pflanzliches Aspirin mit hohem Gehalt im Frühjahr, Favonoide, Gerbstoffe, Salicin, Harze und Oxalate.

Giftige Pflanzenteile: Alle schwach giftig.

Toxische Substanzen: Salicylate.

Besonderheiten: Die Salicylate wirken entzündungshemmend und antioxidativ.

Vorsicht

Da es sich bei dem pflanzlichen Aspirin in den Weiden um ein Heilmittel handelt, sollten die Pflanzenteile nur in ganz geringen Mengen verabreicht werden. Man beachte hierbei den kleinen Organismus der Tiere.

als Futter gut | als Futter gut | weder giftig noch nutzbar | als Futter sehr gut

Weidenröschen, Schmalblättriges

Epilobium angustifolium

Andere Bezeichnungen: Stauden-Feuerkraut, Trümmerblume, Wald-Weidenröschen, Waldschlag-Weidenröschen
Vorkommen: Als Pionierpflanze auf der gesamten Nordhalbkugel verbreitet, in Europa bis Skandinavien und in die Höhen der Alpen. Auf Waldlichtungen oder Kahlschlagfluren, auf lehmigen Böden an sonnigen Standorten.
Beschreibung: Die mehrjährige, krautige Pflanze hat eine Wuchshöhe bis zu 1,5 m. Die kahlen, meist purpurfarbenen Stängel tragen die zahlreichen rosa- bis purpurfarbenen, traubenförmigen Blüten und flugfähigen Samen. Die Blätter sind schmal, dunkelgrün und lanzettförmig.
Verwertbare Teile: Blüten und Blütenknospen, Stängel, Wurzeln, Blätter und Samen.
Erntezeit: Die Wurzeln im zeitigen Frühjahr. Die Blätter und Triebspitzen von April bis Juli, die Blüten und Blütenknospen von Juni bis August und die Stängel, solange sie noch jung und elastisch sind.
Inhaltsstoffe: Flavonoide, Tannine und Beta-Sitosterin. Die jungen Blätter sind reich an Vitamin C, die Wurzeln an Gerb- und Schleimstoffen.
Giftige Pflanzenteile: Keine.
Besonderheiten: In der eigenen Küche kann man die jungen Sprossen, Wurzelausläufer und Triebe zubereiten. Die Samen sind sehr beliebt bei Vögeln.

Vorsicht
An Nagetiere nur in ganz geringen Mengen verfüttern.

stark giftig | stark giftig | stark giftig | giftig

Wein, Wilder

Parthenocissus quinquefolia

Andere Bezeichnungen: Jungfernrebe, Pozellanwein, Doldenrebe, Scheinrebe
Vorkommen: Ursprünglich in Nordamerika beheimatet, findet er sich mittlerweile auch in ganz Europa auf nährstoffreichem Boden.
Beschreibung: Die Ranken sind 5- bis 8-armig und besitzen Haftscheiben, die ihnen Kletterfähigkeit geben. Die Blüten sind weißlich grün, die Beeren erbsengroß, schwarzbläulich.
Verwertbare Teile: Keine.
Inhaltsstoffe: Besonders die Beeren enthalten einen noch nicht identifizierten Giftstoff, ansonsten Oxalsäure.
Giftige Pflanzenteile: Alle, vor allem Beeren.
Toxische Substanzen: Kalziumoxalat und Oxalsäure sowie unbekannte Giftstoffe.
Vergiftungserscheinungen: Kalziumoxalatnadeln führen vor allem zu Brennen und mechanischer Schädigung der Schleimhäute in Maul und Rachen. Bei hoher Dosis auch Schädigung der Nieren durch Oxalsäure.
Erste Hilfe: Behandlung der Symptome, bei stärkeren Beschwerden den Tierarzt aufsuchen.
Besonderheiten: Die Giftigkeit der Beeren ist strittig. Hermann Schnabl (1998, Vogelfutterpflanzen) empfiehlt den Wilden Wein als Pflanze für die Voliere. Heimische Vögel haben eine hohe Gifttoleranz und fressen die reifen Beeren.

Vorsicht

Eine Empfehlung als Futterpflanze kann nicht ausgesprochen werden.

als Futter geeignet | weder giftig noch nutzbar | weder giftig noch nutzbar | als Futter sehr gut

Weißdorn, Eingriffeliger

Crataegus monogyna

Andere Bezeichnungen: Hagedorn, Heckendorn, Weißheckdorn, Zaundorn, Christdorn, Mehldorn, Rotdorn

Vorkommen: Der Weißdorn hat sein Verbreitungsgebiet in ganz Mitteleuropa und wächst bevorzugt an Waldrändern, in Weinbergen, auf Schuttplätzen, an sonnigen Standorten, auf kalkhaltigen Böden. Weißdornsträucher können bis zu 500 Jahre alt werden.

Beschreibung: Ein sommergrüner Strauch oder kleiner Baum, mit einer Höhe von 2 bis 10 m und meist dornigen Ästen. Die Blätter sind rautenförmig und tief fiedrig gespalten, an den Spitzen gezahnt. Die weißen Blüten wachsen in langstieligen, endständigen Doldenrispen. Die Früchte sind eiförmig und glänzend rot.

Verwertbare Teile: Blüten und Blütenknospen, Blätter und Früchte.

Erntezeit: Die jungen Blätter ab April, die Blütenknospen und Blüten von Mai bis Juni und die Früchte von August bis September.

Inhaltsstoffe: Flavonoide, vor allem in den Blättern und der Rinde, Purin-Derivate, Gerbstoffe und Procyanidine.

Giftige Pflanzenteile: Keine.

Besonderheiten: Beeren, Blätter und Blüten, auch getrocknet für Nager und Vögel.

Vorsicht

Da es sich beim Weißdorn um eine Heilpflanze handelt, mit Wirkstoffen, die Einfluss auf Herz und Kreislauf haben, sollte man die Pflanze entsprechend dosiert verabreichen und nicht in zu großen Mengen verfüttern.

giftig | giftig | giftig | giftig

Wermut

Artemisia absinthium

Andere Bezeichnungen: Bitterer Beifuß, Alsem, Wertmutkraut
Vorkommen: In Europa weit verbreitet auf Wiesen, Weiden, in trockenen Gegenden auf kargen, felsigen Böden.
Beschreibung: Die Pflanze aus der Familie der Korbblütler erreicht eine Höhe von etwa 1 m und wächst als Strauch oder Halbstrauch. Der Stängel ist sehr aufrecht, verästelt, die Blätter sind filzig behaart, weißgrau und duften aromatisch. Die Blüten sind klein, gelb und kugelig und sitzen an langstieligen Ähren.
Verwertbare Teile: Keine.
Inhaltsstoffe: Der Bitterstoff Absinth, ätherische Öle, unter anderem Thujon und Chamazulen, Flavonoide, Cumarine und Gerbstoffe.
Giftige Pflanzenteile: Alle.
Toxische Substanzen: Thujon, Absinth, Cumarine.
Vergiftungserscheinungen: Thujon ist ein starkes Nervengift, es kann zu Verwirrtheit, Schwindel, Halluzinationen und Wahnvorstellungen führen. Cumarine können in hohen Dosen reversible Leberschäden hervorrufen. Mit Übelkeit und Erbrechen ist zu rechnen.
Erste Hilfe: Behandlung der Symptome, bei stärkeren Beschwerden den Tierarzt aufsuchen.
Besonderheiten: Als Heilpflanze in der Volksmedizin lange genutzt. Da der Geschmack sehr bitter ist, lehnen die meisten Tiere die Pflanze ab.

Vorsicht
Eine Verfütterung der Pflanze ist nicht empfehlenswert.

als Futter sehr gut | als Futter sehr gut | weder giftig noch nutzbar | als Futter sehr gut

Wiesenknopf, Kleiner

Sanguisorba minor

Andere Bezeichnungen: Braunelle, Pimpinelle, Pimpernelle, Drachenblut, Sperberkraut, Wurmkraut, Blutstillerin, Blutströpfchen, Falsche Bibernelle, Herrgottsworte, Körbelskraut, Költeltskraut, Rote Bibernelle, Wiesenbibernelle, Becherblume, Kleine Bibernelle, Welsche Bibernelle, Gartenbibernelle, Kleines Blutkraut, Megenkraut, Nagelkraut
Vorkommen: Wächst auf trockenen Rasen und Wiesen, bevorzugt auf Lehmböden. Auf der nördlichen Halbkugel in den gemäßigten Breiten zu finden.
Beschreibung: Die mehrjährige, krautige Pflanze aus der Familie der Rosengewächse erreicht eine Wuchshöhe von 20 cm bis 1 m, der Große Wiesenknopf (*Sanguisorba officinalis*) wird bis zu 2 m hoch. Das Blatt besteht aus 3 bis 7 gefiederten Blattpaaren und einem Endblatt, der Rand der Blätter ist gezahnt, die Blütenköpfe sind rundlich bis zylindrisch in den Farben Rot, Rosa bis Weiß.
Verwertbare Teile: Triebspitzen, Blätter und Blüten.
Erntezeit: Triebspitzen ab April, dann die Blätter und die knospigen Blütenstände.
Inhaltsstoffe: Gerbstoffe, Saponine, Flavonoide, Triterpene und Vitamin C.
Giftige Pflanzenteile: Keine.
Besonderheiten: Die Pflanze wird auch in der Küche als Salatzugabe genutzt. Der Geschmack ist leicht nussig, der Geruch gurkenähnlich. Der Große Wiesenknopf kann genauso verwendet werden, er schmeckt etwas weniger würzig, hat aber die gleichen Inhaltsstoffe. Fast alle Tiere nehmen den Wiesenknopf ausgesprochen gerne als Futter an.

stark giftig | stark giftig | stark giftig | stark giftig

Zaunrübe, Rote

Bryonia dioica

Andere Bezeichnung: Heckenrübe
Vorkommen: Das Kürbisgewächs ist vor allem in Mitteleuropa beheimatet.
Beschreibung: Die ausdauernde, kletternde Pflanze wird bis zu 3 m hoch und hat 5-lappige, raue, hellgrüne Blätter. Die Blüten sind grünlich weiß, die Beeren scharlachrot und erbsengroß.
Verwertbare Teile: Keine.
Giftige Pflanzenteile: Alle, besonders Beeren und Wurzeln.
Toxische Substanzen: Die Cucurbintacine B, D, E und andere, die als Triterpene meist in Form des Glykosids Bryonin und anderer vorliegen, Lectine, Saponine in den Samen.
Vergiftungserscheinungen: Hautreizungen durch den frischen Saft der Beeren, Reizungen des Magen-Darm-Trakts mit Erbrechen, Koliken, Durchfall, Nierenreizungen, Erregungszustände, Schwindel, Tod durch Atemlähmung ist möglich.
Erste Hilfe: Behandlung der Symptome, Medizinalkohle, Abwaschen der betroffenen Hautstellen, unbedingt den Tierarzt aufsuchen.
Besonderheiten: Die Wirkstoffe sind nicht sehr beständig und verlieren beim Trocknen einen Teil ihrer Wirkung. Einheimische Vögel fressen gelegentlich die Früchte der Zaunrübe, ohne Schaden zu nehmen. Als Futterpflanze kann sie aber keinesfalls empfohlen werden.

Vorsicht

Die schwarzbeerige Weiße Zaunrübe (*Bryonia alba*) enthält die gleichen toxischen Stoffe wie die Rote.

Zimmerpflanzen

Viele der Gewächse in unseren Räumen stellen ein Risiko für unsere Heimtiere dar. Entweder sind sie giftig oder sie können mechanische Verletzungen verursachen.

schwach giftig | schwach giftig | schwach giftig | schwach giftig

Agave

Agave americana

Vorkommen: Die ausdauernde, sukkulente Pflanze bevorzugt warme, sonnige Standorte, vorwiegend im Süden der USA, in Mexiko, Mittel- und nördlichem Südamerika, aber seit der Zeit der Seefahrer auch in Spanien und Portugal verbreitet. Bei uns als Kübelpflanze für Gärten und Balkone verbreitet, ist sie die Lieferantin der Sisal-Faser.

Beschreibung: Die Pflanze bildet mit ihren fleischigen Blättern, die harte, scharfe, bedornte Ränder haben, eine große Rosette aus. Die Blüten sitzen zahlreich am steil aufragenden Blütenstand, der bis zu 12 m hoch werden kann. Nach der Blüte stirbt die Pflanze ab, vermehrt sich aber vor der Blüte auch vegetativ durch Austrieb von Jungpflanzen am Rand der Rosette.

Verwertbare Teile: Keine.
Inhaltsstoffe: Saponine, Kalziumoxalat, Oxalsäure.
Giftige Pflanzenteile: Alle.
Toxische Substanzen: Saponine, Kalziumoxalate, Oxalsäuren, Rhamnose, Xylose.
Vergiftungserscheinungen: Lokale Reizungen der Haut und der Schleimhäute, Reizungen des Magen-Darm-Trakts, langfristig Nierenschäden.
Erste Hilfe: Behandlung der Symptome, bei mechanischen Verletzungen, besonders im Bereich des Auges, unbedingt den Tierarzt aufsuchen.

Vorsicht

Nicht nur der Saft der Agave stellt eine Gefahr dar, auch die stacheligen Blätter können mechanische Verletzungen hervorrufen. Die Pflanze ist daher auch nicht als Bepflanzung für Terrarien geeignet.

giftig | giftig | giftig | giftig

Aloe

Aloe spec.

Vorkommen: Die Aloen stammen aus Afrika, sind aber mittlerweile als Zimmerpflanze weltweit verbreitet.
Beschreibung: Die Aloearten wachsen meist in Rosettenform. Die Blätter sind dickfleischig, lanzettlich und nach vorne spitz. Der Blattrand ist gezahnt, die Blätter manchmal gefleckt.
Verwertbare Teile: Keine.
Inhaltsstoffe: Aminosäuren, Antioxidanzien wie das Provitamin A, Vitamin C und E sowie B1, B2, B6 und B 12, Mineralstoffe, wie Kalzium, Phosphor, Magnesium, Kalium, Natrium und Eisen, Acemannan, ein langkettiges Polysaccharid. Derzeit sind über 300 Inhaltsstoffe bekannt.
Giftige Pflanzenteile: Saft in den Blättern.
Toxische Substanzen: Aloine, vor allem Barbaloin und Isobarbaloin, freies Aloe-Emodin.
Vergiftungserscheinungen: Wirkt stark abführend und nierenreizend. Kann bei trächtigen Tieren zu Fehlgeburten führen.
Erste Hilfe: Behandlung der Symptome, bei stärkeren Beschwerden den Tierarzt aufsuchen.
Besonderheit: Gilt als potente Heilpflanze mit vielerlei Wirkungen. Die Aloine befinden sich vorwiegend unter der Blatthaut und können vom Gel getrennt werden.

Vorsicht

Nicht nur der Saft der Aloe stellt eine Gefahr dar, auch die stacheligen Blätter können mechanische Verletzungen hervorrufen. Die Pflanze ist aus diesen Gründen auch nicht als Bepflanzung für Terrarien geeignet.

giftig | giftig | giftig | giftig

Alpenveilchen

Cyclamen persicum

Vorkommen: Eine beliebte Zimmer- und in verschiedenen Arten auch Gartenpflanze, die ihren Ursprung in den Bergen des Östlichen Mittelmeerraums und in Kleinasien hat.
Beschreibung: Die mehrjährige, krautige Pflanze aus der Familie der Myrsinengewächse wird bis zu 30 cm hoch und hat herzförmige, dunkelgrüne, gestielte Laubblätter, die an der Oberseite silbrig gefleckt sind. Die Unterseite ist rötlich. Sie blüht in zahlreichen Farbvarianten von weiß über rosa bis rot, die Blüten sitzen an langen Blütenstielen.
Verwertbare Teile: Keine.
Giftige Pflanzenteile: Knollen und deren Saft. In den anderen Pflanzenteilen befinden sich Giftstoffe in geringerer Konzentration.
Toxische Substanzen: Saponine, besonders Cyclamin.
Vergiftungserscheinungen: Reizung des Magen-Darm-Trakts mit Erbrechen und Durchfall, Schwindel, Kreislaufstörungen, Krämpfe, Atemlähmungen, Hautreizungen.
Erste Hilfe: Behandlung der Symptome, unbedingt den Tierarzt aufsuchen.
Besonderheiten: Die letale Dosis ist unbekannt und von Tier zu Tier verschieden. Für den Menschen sind 8 g der Knolle bereits tödlich.

Vorsicht

Die Wurzeln sind besonders giftig für Fische, daher ist es ratsam, die Pflanze nicht an Fischteiche zu pflanzen. In Griechenland wird die Knolle als Köder zum Fischfang verwendet.

stark giftig | stark giftig | stark giftig | stark giftig

Amaryllis

Hippeastrum spec., Zuchtformen

Andere Bezeichnung: Ritterstern
Vorkommen: Die aus Südamerika stammende Zwiebelpflanze ist eine beliebte Zimmerpflanze.
Beschreibung: Die Pflanze erreicht eine Höhe bis zu 60 cm, wobei der Blütenstand auch als Schnittblume verwendet wird. Blätter sind länglich, lanzettlich, meist hellgrün, an der Spitze leicht abgerundet. Die trichterförmigen Einzelblüten können von weiß über rosa bis rot, auch mehrfarbig sein. Sie stehen in Dolden auf einem hohen Schaft.
Verwertbare Teile: Keine.
Giftige Pflanzenteile: Alle.
Toxische Substanzen: Lycorin, Tazzettin, Haemanthamin, Hippeastrin, Galanthamin, Montanin, Hippacin, Pancracin.
Vergiftungserscheinungen: Lokal entzündungserregend, Kontaktdermatitis, zentralnervöse Störungen mit Krämpfen und Zittern, Störungen des Magen-Darm-Trakts mit Übelkeit, Erbrechen und Durchfall, Schweißausbrüche und Herzrhythmusstörungen.
Erste Hilfe: Behandlung der Symptome, den Tierarzt aufsuchen.
Besonderheiten: Die Klivie gehört ebenfalls zu den Amaryllisgewächsen und ist genauso giftig.

Vorsicht

Die toxischen Substanzen können auch über das Gieß- oder Blumenwasser aufgenommen werden, was vor allem für Katzen zur Gefahr werden kann, die aus Blumenuntersetzern trinken.

stark giftig | stark giftig | stark giftig | stark giftig

Avocado

Persea americana, P. gratissima, P. nubigena

Vorkommen: Ursprünglich in Südmexiko beheimatet, wurde die Avocado bereits von den Azteken kultiviert. Weltweit finden sich mittlerweile etwa 400 Kultursorten.
Beschreibung: Der Avocadobaum wächst in warmen, trockenen Gegenden. Die dunkelgrünen Blätter können eine Länge von fast 40 cm erreichen, die Blüten sind gelblich grün, die Frucht selbst ist birnenförmig und ebenfalls dunkelgrün.
Verwertbare Teile: Keine.
Inhaltsstoffe: Das Fruchtfleisch ist reich an ungesättigten Fettsäuren und sehr fetthaltig.
Giftige Pflanzenteile: Alle, auch die Blätter, die Rinde sowie die Frucht.
Toxische Substanzen: Nicht alle erforscht, aber eine Toxin-Komponente ist das Persin.
Vergiftungserscheinungen: Bei Vögeln erhöhte Herzfrequenz, Atemnot, Unruhe, Schwäche, Apathie und Hocken auf dem Käfigboden, leichtes Ausstrecken der Flügel. Bei Säugetieren eine nicht infektiöse Entzündung des Gesäuges, Wassereinlagerung an der Unterhaut und Bauchwassersucht, sonst die gleichen Symptome wie bei Vögeln.
Erste Hilfe: Behandlung der Symptome, sofort einen Tierarzt aufsuchen, allerdings enden viele Vergiftungen tödlich, da es bisher keine spezifische Therapie gibt.
Besonderheiten: Es ist bis heute unerforscht, warum Menschen die Frucht vertragen und sie, soweit bisher bekannt, bei sehr vielen Tierarten toxisch wirkt.

stark giftig | stark giftig | stark giftig | stark giftig

Azalee

Rhododendron spec.

Andere Bezeichnung: Alpenrose
Vorkommen: Azaleen werden die kleinwüchsigen Arten der Gattung Rhododendron genannt. Die Alpenazalee (*Loiseleuria procumbens*) bevorzugt Felsen im Hochgebirge. Zucht- oder Kulturformen stammen von Arten aus China und Japan (*Rhododendron simsii* und *Rhododendron japonicum*) ab und sind bei uns als Zimmerpflanzen beliebt.
Beschreibung: Die kleinen, immergrünen Sträucher besitzen dunkelgrüne, ovale Blätter und blühen von September bis April mit einfachen und gefüllten Blüten in Weiß-, Rosa- und Rottönen.
Verwertbare Teile: Keine.
Giftige Pflanzenteile: Blüten, Blätter, Früchte, aber auch der Honig.
Toxische Substanzen: Diterpene, die Grayanotoxine, regional in unterschiedlicher Konzentration. Im Honig auch gehäuft Grayanotoxine mit dem Hauptwirkstoff Acetylandromedol.
Vergiftungserscheinungen: Speichelfluss, Magen-Darm-Beschwerden mit Übelkeit, Brechreiz und Durchfall, schwere Herzrhythmusstörungen, Atemnot und Krämpfe.
Erste Hilfe: Behandlung der Symptome, reichlich Flüssigkeit, Medizinalkohle, Tierarzt!

Vorsicht

Die als Zierstrauch vorkommende Rostblättrige Alpenrose, *Rhododendron ferrugineum,* und Zuchtsorten von Rhododendron *R. molle* und *R. flavum* sind ebenfalls toxisch, mit den gleichen Vergiftungserscheinungen.

stark giftig | stark giftig | stark giftig | stark giftig

Becherprimel

Primula obconica

Andere Bezeichnungen: Gift-, Fliederprimel
Vorkommen: Ursprünglich aus China, ist sie bei uns hauptsächlich eine Zimmerpflanze.
Beschreibung: Kleine Staude, ist in vielen Farbschlägen im Handel. Die Blätter haben eine samtige Oberfläche mit, je nach Züchtung, unterschiedlicher Musterung. Die ganze Pflanze ist behaart.
Giftige Pflanzenteile: Alle, vor allem die Blätter.
Toxische Substanzen: Das Gefäßgift Primin, Kalziumoxalate, Oxalsäure, cyanogene Glykoside und noch unbekannte Scharfstoffe.
Vergiftungserscheinungen: Im Sekret der Drüsenhaare ist das Primin enthalten, das bei Kontakt eine Primeldermatitis mit starkem Juckreiz und Bläschenbildung auslöst. Bei Hunden und Katzen bereits durch das Riechen an der Pflanze. Durch Kauen der Blätter ein Brennen und Anschwellen im Maul- und Rachenraum.
Erste Hilfe: Behandlung der Symptome, Abwaschen der betroffenen Stellen, Flüssigkeitsgabe, den Tierarzt aufsuchen.
Besonderheiten: Die Schlüsselblumen *Primula veris* und *Primula vulgaris*, die der Becherprimel sehr ähneln, sind vermutlich ungiftig. Sie sind aber geschützt und als Futterpflanze auch aus diesem Grund ungeeignet.

Vorsicht

Auch der Staub verwelkter Pflanzen kann zu Allergiesymptomen führen.

giftig | giftig | giftig | schwach giftig

Birkenfeige

Ficus benjamina

Vorkommen: Ursprünglich in Indien beheimatet, ist diese Feigenart ein äußerst beliebter Zimmerbaum geworden. Auch der Gummibaum zählt zu den *Ficus*-Arten, die wiederum Maulbeergewächse sind.

Beschreibung: Wird in seiner Heimat ein großer, verzweigter Baum mit einer Höhe von 30 m, als Zimmerpflanze erreicht er höchstens 2 m. Die Blätter sind glänzend grün oder auch weiß und hellgrün gestreift, ledrig und eiförmig mit einer zipfeligen Spitze.

Verwertbare Teile: Keine.

Inhaltsstoffe: Milchsaft der *Ficus*-Arten enthält Harz, Kautschuk, Furocumarine, flavonoide Verbindungen.

Giftige Pflanzenteile: Alle.

Toxische Substanzen: Viele Maulbeergewächse enthalten Furanocumarine mit fotosensibilisierenden Eigenschaften und Herzgifte (Cardenolide).

Vergiftungserscheinungen: Erbrechen, Bauchschmerzen, Durchfall und Schleimhautreizungen, aber auch neurotoxische Symptome wie Torkeln und Lähmungen sowie allergische Reaktionen.

Erste Hilfe: Behandlung der Symptome, Gabe von reichlich Flüssigkeit und Medizinalkohle, Tierarzt aufsuchen.

Besonderheiten: Abhängig von der *Ficus*-Art reichen bereits 3 bis 4 Blätter als tödliche Dosis. Allerdings zeigte die Gabe von Gummibaumblättern im Tierversuch mit Ratten und Mäusen keine toxische Wirkung. Auch Vögel scheinen hier eine größere Gifttoleranz zu haben.

giftig | giftig | giftig | giftig

Bogenhanf

Sansevieria trifasciata

Andere Bezeichnungen: Bajonettpflanze, Schwiegermutters Zunge
Vorkommen: Die Heimat des Bogenhanfs ist das tropische Afrika. Auf Grund der Anspruchslosigkeit ist die Pflanze eine weit verbreitete Zimmerpflanze geworden.
Beschreibung: Die hell und dunkel gefleckten Blätter des Bogenhanfs, den es in vielen verschiedenen Variationen, Sorten und Wuchshöhen gibt, sind schwertförmig und bilden eine aufrecht stehende oder bei manchen kurzblättrigen Arten liegende Rosette. Die seltenen Blüten sind von gelber Farbe und verströmen einen starken Duft. Der Bogenhanf gilt allgemein als robuste und dekorative Terrarienpflanze, zumindest bei nicht pflanzenfressenden Tieren.

Verwertbare Teile: Keine.
Inhaltsstoffe: Saponine, die jedoch nicht generell als toxisch bezeichnet werden können. Einige Saponine besitzen nach intravenöser Applikation eine hämolytische Wirkung.
Giftige Pflanzenteile: Alle.
Toxische Substanzen: Saponine.
Vergiftungserscheinungen: Übelkeit, Erbrechen, Krämpfe, Durchfall, hämolytische Wirkung (Zersetzung des Blutes).
Erste Hilfe: Behandlung der Symptome, Tierarzt aufsuchen.
Besonderheiten: Der Tierversuch hat ergeben, dass die Blätter der Pflanze auf Ratten tödlich wirken, Mäuse zeigten keine entsprechenden Symptome. Nach der Aufnahme von Blüten starben jedoch 30 % aller Tiere. Es sind auch Fälle von Kontaktdermatitis bei Menschen bekannt.

giftig | giftig | giftig | giftig

Bromelie

Aechmea fasciata

Andere Bezeichnungen: Lanzenrosette, Lanzenbromelie
Vorkommen: Die Bromelien sind Ananasgewächse und ursprünglich in Mittel- und Südamerika beheimatet.
Beschreibung: Die immergrüne Pflanze wird bis zu 50 cm hoch, die derben Blätter sind lanzenförmig, mit silbrigen Schimmer und am Rand bewehrt. In den Blatttrichtern, die sich durch die Anordnung der Blätter bilden, sammeln sich oft größere Mengen Wasser. Es entsteht ein richtig kleines Biotop mit Algen, Wasserpflanzen und Tieren. Die Blüte ist häufig blau oder pinkfarben, sehr dekorativ und bleibt oft monatelang stehen. Nach der Blüte stirbt die Pflanze ab, treibt aber seitlich gleichzeitig neue Kindl aus.
Verwertbare Teile: Keine.
Giftige Pflanzenteile: Blätter.
Toxische Substanzen: Kalziumoxalat.
Vergiftungserscheinungen: Erbrechen, lokale Reizungen durch Kalziumoxalate in den Blättern. Schädigung der Haut.
Erste Hilfe: Behandlung der Symptome, die betroffenen Hautstellen mit viel Wasser abwaschen, unter Umständen den Tierarzt aufsuchen.
Besonderheiten: Als Terrarienpflanze für Pfeilgiftfrösche ideal, denn die Tiere sitzen gerne in den Blatttrichtern, in denen sich Wasser angesammelt hat. Ansonsten für alle Regenwaldterrarien geeignet, in denen keine pflanzenfressenden Reptilien gehalten werden.

Vorsicht

Als Futterpflanze nicht geeignet.

giftig | giftig | giftig | giftig

Christusdorn

Euphorbia milii

Vorkommen: Ursprünglich in Madagaskar beheimatet, ist dieses Wolfsmilchgewächs eine mittlerweile weit verbreitete Zimmerpflanze, die ihren Namen auf Grund der stark bedornten Zweige erhielt, die an die Dornenkrone Jesu erinnern.
Beschreibung: Die Pflanze aus der Familie der Wolfsmilchgewächse bildet einen dornigen und belaubten Strauch. Die Blätter sind hellgrün und eiförmig, die kleinen Blüten haben auffällige Hochblätter und sind in den Farben Rot oder auch Weiß oder gelblich zu haben. Die frischen Triebe sind hellgrün, werden aber später bräunlich.
Verwertbare Teile: Keine.
Giftige Pflanzenteile: Vor allem der Milchsaft ist stark reizend, der Saft einiger Arten enthält einen Tumor-Promotor, der Krebsentstehung begünstigt, daher ist Vorsicht geboten.
Toxische Substanzen: Triterpene, Diterpenester wie Ingenol, Miliamine.
Vergiftungserscheinungen: Schädigungen des Magen-Darm-Trakts, Koliken, Reizungen der Maulschleimhäute, der Kontakt mit den Augen kann zur Blindheit führen.
Erste Hilfe: Behandlung der Symptome, betroffene Stellen auswaschen, Tierarzt!
Besonderheiten: Über die letale Dosis ist nichts bekannt.

Vorsicht

Auch durch die Dornen können Verletzungen hervorgerufen werden, sodass der Christusdorn als Terrarienbepflanzung nicht geeignet ist.

stark giftig | stark giftig | stark giftig | stark giftig

Christuspalme

Ricinus communis

Andere Bezeichnungen: Wunderbaum, Rizinus, Läusebaum, Hundsbaum, Kreuzbaum
Vorkommen: Ursprünglich im Nordosten Afrikas und im Nahen Osten beheimatet, hat sich die Pflanze mittlerweile aber in allen tropischen Zonen ausgebreitet. In Europa als Gartenpflanze im Süden, bei uns als Zimmerpflanze zu finden.
Beschreibung: Die schnellwüchsige, buschige, einjährige Staude, mit einer Wuchshöhe von 1 bis 2 m hat einen dicken rotbraunen Stängel und große, herzförmige, 5- bis 11-lappige Blätter. Im Sommer erscheinen rötliche Blüten. Es werden rotbraune, weichstachelige Kapselfrüchte mit bohnenförmigen Samen gebildet.
Verwertbare Teile: Aus den Samen wird das Rizinusöl gewonnen.
Giftige Pflanzenteile: Vor allem die Samen.
Toxische Substanzen: Das hochtoxische Lectin Ricin, das sich jedoch nicht im Rizinusöl befindet.
Vergiftungserscheinungen: Die Vergiftungserscheinungen treten meist erst nach Stunden auf. Bei Säugetieren starke Reizung des Magen-Darm-Trakts mit Durchfall, Erbrechen, Koliken, Benommenheit, Nieren- und Leberschädigungen.
Erste Hilfe: Behandlung der Symptome, sofort den Tierarzt aufsuchen.
Besonderheiten: Die letale Dosis für einen mittelgroßen Hund liegt bei wenigen Rizinussamen.

Vorsicht

Der haselnussähnliche Geschmack verleitet zum Verspeisen der Samen!

stark giftig | stark giftig | stark giftig | stark giftig

Dieffenbachie

Dieffenbachia-Hybriden

Andere Bezeichnung: Schweigrohr, Schweigstock
Vorkommen: Die einzelnen Arten des Aronstabgewächses aus dem tropischen Regenwald sind nur als *Dieffenbachia*-Hybriden im Handel erhältlich.
Beschreibung: Zimmerpflanze, mit aufrechtem, kräftigem Stamm; Blätter 30 bis 45 cm lang, eiförmig bis lanzenartig, glänzend, grün, weiß panaschiert; Blüten im Kolben, von einem Hüllblatt umgeben.
Giftige Pflanzenteile: Alle, besonders die Blätter.
Toxische Substanzen: Ein noch unbekannter Scharfstoff, spitze Kalziumoxalat-Nadeln (Raphiden), die in sogenannten Schießzellen angeordnet sind, freie Oxalsäure, Histamin. Starke Wirkstoffschwankungen möglich.
Vergiftungserscheinungen: Krampfhafter Lidschluss, Lichtscheue, Tränen, Lidschwellungen, Haarverlust an den betroffenen Stellen, Schwellungen im Maul und Rachen, Speichelfluss, Blasenbildung. Vor allem bei Katzen durch das Streichen des Mauls mit den Pfoten. Schädigungen des Magen-Darm-Trakts mit Erbrechen und Durchfall, Gangunsicherheit, Muskelzittern, Lähmungen, Krämpfe, Herzrhythmusstörungen, Fieber und großer Durst. Schädigung der Nieren.
Erste Hilfe: Behandlung der Symptome, Flüssigkeitsgabe, bei Katzen auch Milch mit Zugabe von Kreide, die betroffenen Stellen mit reichlich Flüssigkeit ausspülen, unbedingt zum Tierarzt.

Vorsicht

Auch das abgeflossene Gießwasser ist stark giftig.

stark giftig | stark giftig | stark giftig | stark giftig

Drachenbaum

Dracaena spec.

Andere Bezeichnung: Drachenlilie
Vorkommen: Ursprünglich in den afrikanischen Äquatorzonen und in Asien beheimatet, ist die kultivierte Form mit annähernd 150 Arten als Zimmerpflanze fast weltweit verbreitet.
Beschreibung: Die oft strauchig wachsenden Arten der Drachenbäume haben meist zahlreiche Äste oder einen schlanken Stamm und auffallend ledrige, grüne, manchmal auch mehrfarbig gestreifte, lanzettliche Blätter, die eine schopfige Anordnung haben und zwischen 7 und 40 cm lang werden können, je nach Art. Auch der „Glücksbambus", der einfach nur ins Wasser gestellt wird, zählt zu den Drachenbäumen.
Giftige Pflanzenteile: Blätter.
Toxische Substanzen: Steroid-Saponine.
Vergiftungserscheinungen: Neben einer Schleimhautreizung Zerstörung der roten Blutkörperchen (Hämolyse), wenn die Saponine in die Blutbahn gelangen. Die Vergiftung beginnt mit Symptomen im Magen-Darm-Bereich, wie Speicheln, Erbrechen, Durchfall und Maulhöhlenentzündung, es folgen Untertemperatur, Taumeln, Lähmungen, Blutungen und Koma.
Erste Hilfe: Behandlung der Symptome, Aufsuchen des Tierarztes.
Besonderheiten: Die letale Dosis ist unbekannt.

Vorsicht

Besonders gefährdet sind Hunde, Katzen und Nagetiere, die herabfallende Blätter fressen oder vom Vasenwasser des Glücksbambus trinken.

schwach giftig | schwach giftig | schwach giftig | schwach giftig

Dreimasterblume

Tradescantia pallida, T. zebrina

Andere Bezeichnungen: Gottesauge, Ampelkraut, Wasserranke
Vorkommen: Ursprünglich in Süd- und Mittelamerika beheimatet, ist die Dreimasterblume in verschiedenen Arten als Zierpflanze im europäischen Raum weit verbreitet.
Beschreibung: Eine mehrjährige, kriechende Pflanze mit wechelständigen eiförmigen Blättern, die je nach Art dunkelviolett (*T. pallida*) dunkelgrün oder bei anderen Arten (*T. zebrina*) hellgrün gestreift sind, teilweise die Blattunterseite auch dunkel rötlich braun gefärbt. Die bei manchen Arten seltenen Blüten sind dreizählig, meist pink bis violett, die Pflanze bildet dreikammrige Kapselfrüchte aus, mit 1 bis 2 Samen pro Kammer.
Giftige Pflanzenteile: Blätter und Stängel.
Toxische Substanzen: Unidentifizierte Reizstoffe, Kalziumoxalat wird vermutet.
Vergiftungserscheinungen: Kontaktdermatitis.
Erste Hilfe: Behandlung der Symptome, die betroffenen Stellen mit reichlich Wasser auswaschen.
Besonderheiten: Nur sehr schwach giftig bei Berührungen. Kontaktdermatitis wird beim empfindlichen Menschen beschrieben. Vergiftungen bei Tieren sind nicht belegt. Als Terrarienpflanze für Reptilien, die keine Pflanzen fressen, durchaus geeignet, weil sie sehr pflegeleicht und anspruchslos ist.

giftig | giftig | giftig | giftig

Efeutute

Scindapsus spec.

Vorkommen: Ursprünglich in den tropischen Gefilden zu Hause, ist die Efeutute eine beliebte, anspruchslose Zimmerpflanze.
Beschreibung: Die Efeutute ist ein Kletterstrauch mit Luftwurzeln, deren ovale, spitz zulaufende Blätter meist dunkelgrün, aber auch mit weißen, unregelmäßigen Flecken gesprenkelt sind.
Giftige Pflanzenteile: Alle.
Toxische Substanzen: Kalziumoxalatnadeln (Raphiden), Oxalsäure.
Vergiftungserscheinungen: Die Kalziumoxalatnadeln können in die Maul- und Rachenschleimhaut eindringen. Dies führt zu Brennen, mechanischen Schädigungen und Schluckbeschwerden, Hypokalzämie wegen Ausfall des Blutkalziums durch die Oxalsäure, Schädigung der Nieren durch Kristallbildung in den Tubuli, Reizung des Magen-Darm-Trakts mit Durchfall und Blutungen.
Erste Hilfe: Behandlung der Symptome, einen Tierarzt aufsuchen.
Besonderheiten: Die tödliche Dosis ist nicht bekannt.

Vorsicht

Auch das abgelaufene Gießwasser kann noch giftige Substanzen enthalten. Die Efeutute ist als Bepflanzung für Terrarien mit Pflanzenfressern nicht geeignet, obwohl einige Reptilien, vor allem Skinke, erstaunliche Gifttoleranz zeigen.

giftig | giftig | giftig | giftig

Elefantenfuß

Beaucarnea recurvata

Andere Bezeichnungen: Flaschenbaum, Wasserpalme

Vorkommen: Ursprünglich in Mexiko beheimatet, ist der Elefantenfuß zu einer beliebten, weil pflegegeleichten und dekorativen Zimmerpflanze geworden.

Beschreibung: Die Pflanze aus der Familie der Mäusedorngewächse ist ein aufrechter, kleiner Schopfbaum mit einer verdickten, flaschenförmigen Stammbasis und einer Textur, die an Elefantenhaut erinnert, daher hat die Pflanze ihre Namen. In den Tropen kann der Baum bis zu 9 m hoch werden. Die lanzettlichen, manchmal lockig gedrehten Blätter sind oft rosettlich angeordnet, erreichen eine Länge von 1 bis 2 m und hängen schopfartig über dem Stamm, der auch verzweigt sein kann. Der rispige Blütenstand ist kurzstielig.

Giftige Pflanzenteile: Blätter.

Toxische Substanzen: Saponine.

Vergiftungserscheinungen: Lokale Reizungen der Schleimhäute, Schädigungen des Magen-Darm-Trakts. Bei regelmäßigem Verzehr kann es zu einer chronischen Darmentzündung kommen.

Erste Hilfe: Behandlung der Symptome, bei stärkeren Beschwerden den Tierarzt aufsuchen.

Besonderheiten: Der Elefantenfuß ist auch als Terrarienbepflanzung bedenklich, es sei denn, die Bewohner verschmähen pflanzliche Kost.

Vorsicht

Auch das abgelaufene Gießwasser kann noch giftige Substanzen enthalten.

giftig giftig giftig giftig

Fensterblatt

Monstera deliciosa

Andere Bezeichnungen: Monstera, Fensterfreund
Vorkommen: Im tropischen Amerika beheimatet, findet sich die verwilderte Pflanze mittlerweile auch in Australien und dem Mittelmeerraum. Als Zimmerpflanze sehr beliebt, da pflegeleicht.
Beschreibung: Dieses Aronstabgewächs ist eine immergrüne Kletterpflanze, die mehrere Meter hoch werden kann, mit herzförmigen, sehr großen und löchrig geschlitzten Blättern. Ältere Pflanzen bilden Luftwurzeln aus.
Giftige Pflanzenteile: Alle.
Toxische Substanzen: Kalziumoxalatnadeln (Raphiden), Oxalsäure.
Vergiftungserscheinungen: Die Kalziumoxalatnadeln können in Maul- und Rachenschleimhaut eindringen und dies führt zu Brennen, mechanischen Schädigungen und Schluckbeschwerden. Bei Aufnahme sehr großer Mengen Hypokalzämie wegen Ausfall des Blutkalziums durch die Oxalsäure, Schädigung der Nieren durch Kristallbildung in den Tubuli. Reizung des Magen-Darm-Trakts mit Durchfall und Blutungen.
Erste Hilfe: Behandlung der Symptome, Aufsuchen eines Tierarztes empfohlen.
Besonderheiten: Die letale Dosis ist nicht bekannt.

Vorsicht

Auch das abgelaufene Gießwasser kann noch giftige Substanzen enthalten. Das Fensterblatt ist also somit auch als Bepflanzung für Terrarien nicht geeignet.

giftig | giftig | giftig | giftig

Flammendes Käthchen

Kalanchoe blossfeldiana

Vorkommen: Ursprünglich in den Trockengebieten Madagaskars beheimatet, ist das Flammende Käthchen zu einer beliebten Zimmerpflanze geworden. Der Name war zuerst nur für die rote Wildform gedacht, die Pflanzen in den anderen, inzwischen durch Züchtung entstandenen Blüten-Farbschlägen werden allerdings genauso benannt.
Beschreibung: Das Dickblattgewächs wächst aufrecht als mehrjährige sukkulente, pflegeleichte Staude bis zu einer Höhe von 20 cm. Die einfachen Blätter sind dunkelgrün, fleischig, oval mit gezähnten Rändern, die Blüten wachsen in dichten Trugdolden in Rot, Gelb, Orange, Pink oder Weiß.
Verwertbare Teile: Keine.
Inhaltsstoffe: Weitgehend unbekannt.
Giftige Pflanzenteile: Blätter und Stängel.
Toxische Substanzen: Bufadienolide wie Daigremontianin und Cotyledontoxin.
Vergiftungserscheinungen: Störungen des Zentralnervensystems. Vor allem aus Afrika sind chronische Vergiftungen von Weidevieh bekannt. Vergiftungen von Katzen, Kaninchen, Chinchillas, Hunden und Hühnern wurden beobachtet.
Erste Hilfe: Behandlung der Symptome, Eingabe von reichlich Flüssigkeit und Medizinalkohle.

Vorsicht

Keinesfalls als Futterpflanze oder Terrarienbepflanzung zu empfehlen.

weder giftig noch nutzbar | weder giftig noch nutzbar | weder giftig noch nutzbar | weder giftig noch nutzbar

Frauenhaarfarn

Adiantum capillus-veneris

Andere Bezeichnung: Venushaar
Vorkommen: Beheimatet in den Tropen und Subtropen sowie in Europa in den Mittelmeergebieten, ist der Frauenhaarfarn schon seit sehr langer Zeit eine beliebte Zimmerpflanze.
Beschreibung: Der grazile Farn ist charakterisiert durch leicht überhängende Triebe, die ziemlich dicht wachsen, mit wechselständigen Blättern, die mehrfach gefiedert, von dreieckigem Umriss und am vorderen Rand leicht gelappt sind. Der Stiel ist schwarzbraun und mit häutigen, manchmal goldgelben Schuppen bedeckt.
Verwertbare Teile: Keine.
Inhaltsstoffe: Verschiedene Gerbstoffe, Zucker, Schleimstoffe, Xanthine, Procyanidine und zahlreiche andere. Das Kraut hat antibakterielle, antiinflammatorische, adstringierende, antidiarrhoische, galletreibende, antivirale, laxierende und wurmabtreibende Eigenschaften.
Verwertbare Teile: Der Frauenhaarfarn gilt als ungiftig, die Blätter haben aber keine nennenswerten Inhaltsstoffe, somit als Futterpflanze nicht geeignet.
Giftige Pflanzenteile: Keine.
Toxische Substanzen: Bisher keine beschrieben.
Besonderheiten: Die Pflanze braucht hohe Luftfeuchtigkeit, was sie zur idealen Regenwaldterrarienpflanze macht.

Vorsicht

Toxisch relevante Stoffe finden sich in anderen Farnen der Gattungen *Dryopteris* (Wurmfarne) und *Pteridium* (Adlerfarne).

 *weder giftig noch nutzbar*

 *als Futter gut*

 *weder giftig noch nutzbar*

 *weder giftig noch nutzbar*

Fuchsie

Fuchsia spec.

Vorkommen: Dieses Nachtkerzengewächs ist ursprünglich in Süd- und Mittelamerika beheimatet. Es werden viele Hybriden als Topf- und Kübelpflanzen gezüchtet, die über 100 Arten unterscheiden sich oft sehr stark voneinander.
Beschreibung: Die Mehrzahl der Arten sind Sträucher mit buschigem Wuchs und gegenständig angeordneten, grünen, elliptischen Blättern, lang gestielt und mit leicht gezacktem Blattrand. Die trichterartigen, hängenden Blütenglöckchen sind oft zweifarbig in Rot, Rosa, Weiß und Blauviolett, die Frucht ist eine grüne Beere.
Verwertbare Teile: Blüten.
Erntezeit: Von Mai bis Oktober.
Inhaltsstoffe: Nicht bekannt.
Giftige Pflanzenteile: Nicht bekannt.
Toxische Substanzen: Nicht bekannt.
Vergiftungserscheinungen: Eventuell kann nach dem Genuss größerer Mengen eine leichte Gastritis eintreten.
Erste Hilfe: Behandlung der Symptome.
Besonderheiten: Die Pflanze wird allgemein als ungiftig eingestuft, ist allerdings keine Futterpflanze und die Blüten können in geringen Mengen lediglich ab und zu als Leckerbissen an Reptilien verfüttert werden.

Vorsicht

Nagetiere vertragen die Fuchsie nicht, für Chinchillas gilt sie als potenziell giftig, über die Fütterung bei Vögeln gibt es keine gesicherten Angaben.

weder giftig noch nutzbar | weder giftig noch nutzbar | weder giftig noch nutzbar | weder giftig noch nutzbar

Geldbaum

Crassula ovata

Andere Bezeichnungen: Dickblatt, Pfennigbaum, Talerbaum
Vorkommen: Heimisch in den Trockengebieten des südlichen Afrika, wurde das Dickblatt zur beliebten, pflegeleichten Zimmerpflanze.
Beschreibung: Sukkulenter Strauch mit dicken, stark verzweigten Trieben und manchmal baumähnlichen Wuchs. Die Blätter sind dickfleischig, rundlich, glänzend grün und manchmal rot gerändert, in ihnen wird das Wasser gespeichert. Es bilden sich bei günstigen Bedingungen kleine weißliche bis zartrosa Blüten aus.
Verwertbare Teile: Keine.
Inhaltsstoffe: Nicht bekannt.
Giftige Pflanzenteile: Der Geldbaum gilt als ungefährliche Zimmerpflanze.
Toxische Substanzen: Keine bekannt.
Besonderheiten: Dickblätter sind als Bepflanzung für das Terrarium dann geeignet, wenn es von Reptilien bewohnt wird, die pflanzliche Kost verschmähen. Von Vergiftungsfällen durch gelegentliches Beknabbern der Blätter durch die Tiere wurde bisher noch nicht berichtet. Dies gilt auch für das Rosettendickblatt (*Aeonium arboreum*), das aus dem Norden Afrikas und von den Kanarischen Inseln stammt.

Vorsicht

Auch wenn keine Vergiftungserscheinungen zu befürchten sind, so sind weder der Geldbaum noch das Rosettendickblatt als Futterpflanze geeignet.

Geweihfarn

Platycerium bifurcatum

Andere Bezeichnung: Hirschgeweihfarn
Vorkommen: Aus der Familie der Tüpfelfarngewächse stammend, ist der Geweihfarn in den Wäldern Neu-Guineas und Australiens beheimatet, wo er wie ein Vogelnest in den Astgabeln der Urwaldbäume sitzt. Er ist als Zimmerpflanze pflegeleicht und bevorzugt schattige bis halbschattige Standorte mit höherer Luftfeuchtigkeit wie beispielsweise im Bad.
Beschreibung: Zwischen den schildförmig angeordneten Deckblättern, die zuerst grün, dann braun werden, wachsen die dekorativen Geweihblätter, die 60 bis 80 cm lang werden können und oft als Gesamtbild eine sehr ungewöhnliche Form annehmen.
Verwertbare Teile: Keine.
Inhaltsstoffe: Keine gesicherten Angaben über Inhaltsstoffe.
Giftige Pflanzenteile: Keine.
Toxische Substanzen: Keine bekannt, gilt allgemein als ungiftige, unproblematische Zimmerpflanze.
Besonderheiten: Als Bepflanzung fürs Terrarium geeignet, je nach Besatz. Wird allerdings bei optimaler Pflege sehr groß, was in einem Terrarium ein Problem darstellen kann.

Vorsicht

Als Futterpflanze ist der Farn ungeeignet. Auch wenn keine toxischen Substanzen enthalten sind, so verfügt die Pflanze auch nicht über wertvolle Inhaltsstoffe.

schwach giftig | schwach giftig | schwach giftig | schwach giftig

Grünlilie

Chlorophytum comosum

Andere Bezeichnungen: Spinnenpflanze, Brautschleppe, Fliegender Holländer, Graslilie, Grüner Heinrich, Beamtengras
Vorkommen: In Südafrika und anderen subtropischen Gefilden beheimatet, ist die Grünlilie eine beliebte Zimmerpflanze.
Beschreibung: Die Pflanze hat je nach Art 20 bis 70 cm lange, schmale, grüne Blätter, in der Wildform ohne weiße oder gelbliche Streifen, die als Rosette büschelweise aus dem Boden ragen. Die Blüten sind weiß und sitzen an langen Blütentrieben. Daraus entstehen gelegentlich kleine Samenkapseln, die bei Tierhaltung unbedingt entfernt werden sollten. Die jungen Pflänzchen bilden sich an den Ausläufertrieben.
Verwertbare Teile: Keine.
Giftige Pflanzenteile: Samen.
Toxische Substanzen: Saponine.
Vergiftungserscheinungen: Eine leichte Gastritis beim Genuss der Samen.
Erste Hilfe: Behandlung der Symptome.
Besonderheiten: Gut als Terrarienpflanze geeignet, wenn man die Samenkapseln entfernt. Gilt als für Katzen relativ unbedenkliche Knabberpflanze. Dann sollte sie nicht gedüngt werden und nicht lange in einer Umgebung mit belasteter Luft stehen, denn sie reichert Schadstoffe an und soll luftreinigend wirken.

Vorsicht

Auch wenn die anderen Pflanzenteile der Grünlilie außer den Samen nicht giftig sind, so eignet sie sich trotzdem nicht als Futterpflanze.

giftig | giftig | giftig | schwach giftig

Gummibaum

Ficus elastica

Vorkommen: Südostasien, als Kulturform auch eine beliebte Zimmerpflanze.
Beschreibung: Der Gummibaum ist ein Maulbeergewächs und erreicht in den Tropen eine Höhe von 30 bis 40 m mit einem Stammdurchmesser von bis zu 2 m. Zur festen Verankerung bildet er Brettwurzeln aus. Die Blätter sind ganzrandig, dunkelgrün, manchmal weiß gefleckt, glänzend, lederartig und werden bis zu 35 cm lang. Die unscheinbaren Blüten befinden sich im Inneren eines Blütenstandes.
Verwertbare Teile: Keine.
Inhaltsstoffe: Milchsaft der *Ficus*-Arten enthält Harz, Kautschuk, Furanocumarine, flavonoide Verbindungen sowie papainartig wirkende Proteine.
Giftige Pflanzenteile: Alle, vor allem der Milchsaft.
Toxische Substanzen: Das Enzym Ficin sowie unter anderem Furanocumarine mit fotosensibilisierenden Eigenschaften und herzwirksame Gifte (Cardenolide).
Vergiftungserscheinungen: Erbrechen, Bauchschmerzen, Durchfall und Schleimhautreizungen, neurotoxische Symptome wie Torkeln und Lähmungen sowie allergische Reaktionen.
Erste Hilfe: Behandlung der Symptome, Gabe von reichlich Flüssigkeit und Medizinalkohle, Tierarzt aufsuchen.
Besonderheiten: Abhängig von der *Ficus*-Art reichen bereits 3 bis 4 Blätter als letale Dosis. Allerdings zeigte die Gabe von Gummibaumblättern in Tierversuchen mit Ratten und Mäusen keine toxische Wirkung. Auch Vögel scheinen gegenüber dem *Ficus* eine größere Gifttoleranz zu besitzen.

stark giftig | *stark giftig* | *stark giftig* | *stark giftig*

Immergrün

Vinca minor

Andere Bezeichnungen: Grabmyrthe, Jungferngrün, Wintergrün, Zauberers Veilchen
Vorkommen: Zu den Hundsgiftgewächsen gehörende Pflanze, beheimatet in Europa, Kleinasien und dem Kaukasus, wird gerne als Zierpflanze in Gärten und Parks verwendet, verwildert leicht.
Beschreibung: Ausdauernde, immergrüne Pflanze mit kriechenden Stängeln, die bis 60 cm hoch wird und manchmal auch als niedriger Strauch wächst. Die Blätter sind ledrig, lanzettlich, elliptisch, ganzrandig und kurz gestielt. Die Blüten wachsen an langen Stielen, sind lila-blau und haben fünf Blütenblätter. Aus jeder Blüte entwickeln sich zwei Balgfrüchte, die jeweils vier bis acht glänzende Samen enthalten.
Inhaltsstoffe: Das Hauptalkaloid Vincamin, Vincin, Vincinin, Eburnamonin, Bitterstoffe, Tannine.
Giftige Pflanzenteile: Alle.
Toxische Substanzen: Vincamin.
Vergiftungserscheinungen: Blutdruckabfall, Hautjucken, Herzrhythmusstörungen, Störungen des Magen-Darm-Trakts, Atembeschwerden, Schock. Vincamin wirkt blutdrucksenkend und steigert die Hirndurchblutung.
Erste Hilfe: Behandlung der Symptome, Medizinalkohle. Unbedingt zum Tierarzt.

Vorsicht

Die verwandte, weit verbreitete Pflanze, das Rosafarbene Zimmerimmergrün oder Madagaskar-Immergrün *Catharanthus roseus*, ist ebenfalls stark giftig, hier vor allem die Wurzel, aber auch Blätter und Blüten.

giftig | giftig | giftig | stark giftig

Kaffeebaum

Coffea arabica

Vorkommen: Alle *Coffea*-Arten haben ihren Ursprung in den Hochländern des Sudans, Madagaskars und den Maskarenen-Inseln. Heute wird der Kaffee weltweit in vielen tropischen und subtropischen Ländern angebaut. Aus Samen gezogen, ist er auch als dekorative Zimmerpflanze erhältlich, die sogar blüht und Früchte ansetzt, sobald sie die richtige Größe erreicht hat.

Beschreibung: Der immergrüne Strauch oder kleine Baum, aus der Familie der Rötegewächse, hat gegenständige, gestielte, glänzende Laubblätter und meist kleinere Nebenblätter. Die duftenden, weißen Blüten wachsen in vielblütigen Blütenständen. In den roten Früchten, den Kaffeekirschen, stecken jeweils zwei Bohnen.

Verwertbare Teile: Keine.

Giftige Pflanzenteile: Vermutlich alle, vor allem aber der Samen und der daraus gewonnene Kaffee.

Toxische Substanzen: Coffein, Chlorogensäure.

Vergiftungserscheinungen: Bei Genuss von Kaffee oder beim Kauen der Bohnen kann es zu Unruhe und Erregung, Schwäche, Erbrechen, Durchfall und Herzrhythmusstörungen kommen, unter Umständen mit Todesfolge.

Erste Hilfe: Behandlung der Symptome, bei stärkeren Beschwerden den Tierarzt aufsuchen.

Vorsicht

Die letale Dosis von Coffein für einen mittelgroßen Hund liegt bei 110 mg pro kg Körpergewicht, bei der Katze bei 80 mg pro kg Körpergewicht.

giftig | giftig | stark giftig | giftig

Kakaobaum

Theobroma cacao

Vorkommen: Beheimatet in den Regenwäldern Mittel- und Südamerikas, wird der Kakaobaum weltweit in den Tropen angebaut, vor allem in Westafrika. Bei uns ist er gelegentlich auch als Zimmer- oder Kübelpflanze zu finden.
Beschreibung: Der Baum erreicht eine Höhe von etwa 15 m. Die lanzettlichen Blätter mit einer Länge von 30 cm sind beim Austrieb rot gefärbt. Die rötlich weißen, unscheinbaren, kleinen Blüten wachsen direkt am Stamm. Die etwa 20 cm großen Früchte beherbergen bis zu 50 Kakaobohnen.
Verwertbare Teile: Keine.
Giftige Pflanzenteile: Vor allem die Samen.
Toxische Substanzen: Das Alkaloid Theobromin, das mit dem Coffein des Kaffees verwandt ist.
Vergiftungserscheinungen: Starkes Hecheln, Erbrechen, allerdings erst nach 4 bis 12 Stunden, Durchfall, Herzrasen, Zittern, häufigem Harndrang, unregelmäßigem Puls, motorische Krampfanfälle, Tod durch Herzversagen.
Erste Hilfe: Behandlung der Symptome, sofort den Tierarzt aufsuchen.
Besonderheiten: Menschen, Mäuse und Ratten besitzen ein Enzym, das den Giftstoff Theobromin abbaut. Dieses fehlt bei Hunden, Katzen und Pferden sowie Vögeln. Je dunkler die Schokolade, desto mehr Theobromin enthält sie.

Vorsicht

20 bis 40 g Kakao können für eine normalgewichtige Katze tödlich sein, 60 g dunkle Schokolade für einen mittelgroßen Hund.

schwach giftig | schwach giftig | schwach giftig | schwach giftig

Kamelie, Japanische

Camellia japonica

Andere Bezeichnungen: Chinarose, Lorbeerrose
Vorkommen: Beheimatet in Ost-Asien, Japan, Korea und Taiwan, ist das sehr langlebige und in der Blüte dekorative Teegewächs zu einer beliebten Zimmerpflanze geworden. Neben den 200 verschiedenen Arten gibt es auch winterharte Sorten für den Garten.
Beschreibung: Der breite, mehrstämmige, aufrechte Strauch hat wechselständige, elliptische, immergrüne Blätter, die ledrig glänzen. Die apart geformten, wohlriechenden Blüten sind 4 bis 8 cm groß, meist gefüllt oder halb gefüllt und in den Farben Weiß, Rosa, Rot, auch machmal mehrfarbig zu finden.
Verwertbare Teile: Keine.
Inhaltsstoffe: Keine gesicherten Angaben, vermutlich Gerbstoffe, Alkaloide, Öl in den Samen.
Giftige Pflanzenteile: Vermutlich alle leicht giftig.
Toxische Substanzen: Vermutlich Acetylandromedol.
Vergiftungserscheinungen: Schädigung des Magen-Darm-Trakts.
Erste Hilfe: Behandlung der Symptome.
Besonderheiten: Sie ist nahe verwandt mit dem Teestrauch (*Camellia sinensis*), dessen Blätter sich unter anderem durch Inhaltsstoffe wie Coffein, Theophyllin und Theobromin auszeichnen. Ein versehentliches Knabbern an diesem Teegewächs hat wahrscheinlich aber keine gesundheitlichen Beeinträchtigungen für die Tiere zur Folge.

giftig | giftig | giftig | giftig

Kletterfeige

Ficus pumila

Andere Bezeichnung: Kletterficus
Vorkommen: In Ostasien beheimatet, ist sie heute eine beliebte Zimmerpflanze.
Beschreibung: Kletterpflanze, die mit ihren fadendünnen Zweigen an Wänden und Baumstämmen empor ranken kann. Die Blätter sind dunkelgrün, eiförmig oder herzförmig, es gibt aber auch Arten mit weiß-bunten Blättern. Die Pflanze liebt eine hohe Luftfeuchtigkeit.
Verwertbare Teile: Keine.
Inhaltsstoffe: Kautschuk, Furocumarine, Flavonoide, Proteine.
Giftige Pflanzenteile: Alle.
Toxische Substanzen: Milchsaft der *Ficus*-Arten, Harz, Kautschuk, Furocumarine, flavonoide Verbindungen, Proteine.
Vergiftungserscheinungen: Haut- und Schleimhautirritationen. Reizungen des Magen-Darm-Trakts, Krämpfe, inkomplette Lähmung (Paralyse).
Erste Hilfe: Behandlung der Symptome, der Tierarzt sollte aufgesucht werden.
Besonderheiten: Eignet sich hervorragend als Bepflanzung von Regenwaldterrarien, in denen keine pflanzenfressenden Reptilien gehalten werden. Die Kletterfeige ist ideal zur Begrünung ganzer Terrarienrückwände, da die Pflanze in kurzer Zeit sehr schnell wächst.

Vorsicht

Schon drei bis vier Blätter können bei einem Kaninchen zum Tode führen. Für Terrarien mit pflanzenfressenden Reptilien ist die Pflanze ungeeignet.

giftig | giftig | giftig | giftig

Klivie

Clivia miniata

Andere Bezeichnung: Riemenblatt
Vorkommen: Die Heimat des Amaryllisgewächses ist die südafrikanische Provinz Natal, wo sie in Tälern mit lehmigen humosen Böden wächst. In Europa ist das Amaryllisgewächs eine beliebte Zimmerpflanze.
Beschreibung: Eine horstig wachsende, robuste Pflanze mit einer Wuchshöhe von bis zu 50 cm mit unvollkommener Zwiebelbildung. Sie bildet einen in dicke Blattscheiden eingehüllten Zwiebelstamm. Die etwa 6 cm breiten Blätter sind schwert- oder riemenfömig. Die ausdrucksvolle Blüte sitzt in einer Dolde und ist orange bis rot mit gelbem Schlund. Die Kapsel ist rund und bei Reife rot.
Inhaltsstoffe: Bis auf die Alkaloide unbekannt.
Verwertbare Teile: Keine.
Giftige Pflanzenteile: Blätter, Blüten, Früchte.
Toxische Substanzen: Verschiedene Alkaloide, vor allem Lycorin, aber auch Clivimin und Clivatin.
Vergiftungserscheinungen: Lokal entzündungserregend, zentralnervöse Störungen auslösend beim Genuss größerer Mengen, Übelkeit, Husten, erhöhter Speichelfluss, Schweißausbrüche, Erbrechen, Durchfall. Auch der Hautkontakt kann zu Reizungen führen, ferner sind eine Schädigung der Niere sowie Lähmungen möglich.
Erste Hilfe: Behandlung der Symptome, Flüssigkeitsgabe, Medizinalkohle, den Tierarzt aufsuchen.
Besonderheiten: Die letale Dosis ist unbekannt.

als Futter gut | weder giftig noch nutzbar | weder giftig noch nutzbar | als Futter gut

Kokospalme

Cocos nucifera

Vorkommen: Dieser in den Tropen beheimatete Schopfbaum ist eine beliebte, dekorative und pflegeleichte Zimmer- und Kübelpflanze. Sie wird meist als allerdings recht großer Keimling direkt mit der noch anhängenden Nuss verkauft.
Beschreibung: Der durchgehend aufrechte Stamm kann in der tropischen Heimat eine Wuchshöhe von 10 bis 30 m erreichen. Die gefiederten Blätter können 4 bis 6 m lang werden, in tropisch warmen Ländern zeigen sich auch die weißen Blüten in Rispen. Die Steinfrucht ist die uns bekannte Kokosnuss.
Verwertbare Teile: Die Steinfrucht, also die Kokosnuss, vor allem für Nager und große Vögel wie Papageien.
Inhaltsstoffe: Die Frucht enthält bis zu 70 % Fett.
Giftige Pflanzenteile: Vermutlich keine, über die Pflanze an sich gibt es jedoch keine genauen Angaben. Die Frucht ist ungiftig.
Besonderheiten: Selbst nach der Gewinnung des Fetts ist das ausgepresste Fruchtfleisch noch so gehaltvoll, dass es zu Tierfutter verarbeitet wird. Aus diesem Gund sollte Kokosnuss nur in ganz geringen Mengen, eher als Leckerbissen gefüttert werden. Als Terrarienbepflanzung ist die Kokosnuss auf Grund ihrer Größe nur bedingt geeignet.

Vorsicht

Getrocknete Kokosnussstücke aus dem Handel können mit Konservierungsstoffen behandelt sein, die unter Umständen dem Tier nicht zuträglich sind.

 schwach giftig |  schwach giftig |  schwach giftig |  schwach giftig

Korallenbeere

Nertera granadensis

Andere Bezeichnung: Korallenmoos
Vorkommen: Beheimatet in subtropischem und mediterranem Klima, in den Gebirgslandschaften von Mittel- und Südamerika, Neuseeland und Australien, hierzulande auf Grund der dekorativen Beeren eine beliebte Zimmerpflanze.
Beschreibung: Die Polster bildende Pflanze hat eine mattenförmige, sehr dichte Wuchsform, mit winzigen Blätter von nur 3 bis 4 mm Größe, die den Blumentopf wie einen Rasen überziehen, die Blüten sind unscheinbar hellgrün, die Frucht hingegen ist eine leuchtend rote, 7 bis 8 mm große Beere, die etwa im August erscheint und bis in den Winter hinein an der Pflanze hält. Inzwischen gibt es auch Zuchtformen mit weißen, gelben und orangefarbenen Früchten.
Verwertbare Teile: Keine.
Inhaltsstoffe: Nicht bekannt.
Giftige Pflanzenteile: Womöglich alle, über die Inhaltsstoffe gibt es keine gesicherten Angaben.
Toxische Substanzen: Ein Toxin, dessen Wirkungsmechanismus unbekannt ist, die Toxizität dürfte gering sein.
Vergiftungserscheinungen: Reizungen des Magen-Darm-Trakts.
Erste Hilfe: Behandlung der Symptome, bei stärkeren Beschwerden den Tierarzt aufsuchen.

Vorsicht

Die Korallenbeere könnte mit dem Bubiköpfchen (*Soleirolia soleirolii*) verwechselt werden, was aber vermutlich nicht giftig ist. Zumindest sind keine Vergiftungsfälle in der Literatur verzeichnet.

weder giftig noch nutzbar | weder giftig noch nutzbar | weder giftig noch nutzbar | weder giftig noch nutzbar

Mühlenbeckie

Muehlenbeckia complexa

Andere Bezeichnungen: Neuseeländischer Drahtwein, Kriechender Wein, Neuseeländischer Efeu
Vorkommen: Ursprünglich in Neuseeland beheimatet, ist dieses Knöterichgewächs eine anspruchslose Zimmerpflanze und hervorragend für Wintergärten geeignet, kann aber auch im Garten an nicht zu frostigen Standorten gepflanzt werden.
Beschreibung: Das feintriebige, kriechend rankende Gehölz kann bis zu 5 m weit klettern. Die wechselständigen bis zu 1,5 cm großen Blättchen sind eiförmig, rundlich und sitzen an den reißfesten, drahtigen, dunklen Trieben, die Pflanze breitet sich teppichförmig aus. Die gelben Blüten zeigen sich bei älteren Pflanzen, im Herbst mit weißen bis rötlichen Beeren geschmückt.
Verwertbare Teile: Keine
Inhaltsstoffe: Keine Angaben in der Literatur.
Giftige Pflanzenteile: Die Blätter sind nicht giftig, über die Blüten und die Beeren gibt es keine gesicherten Angaben.
Erste Hilfe: Behandlung der Symptome, sollten sich doch einmal Unpässlichkeiten einstellen.
Besonderheiten: Die Mühlenbeckie ist wunderbar als Kletterpflanze oder Bodendecker für Terrarien geeignet, da sie sehr robust ist, fast alle Temperaturen akzeptiert und nahezu unverwüstlich ist. Sie ist jedoch keinesfalls eine Futterpflanze.

Vorsicht

Bei Pflanzen aus dem Fachhandel sollte darauf geachtet werden, dass sie nicht gedüngt oder mit Pestiziden behandelt sind, will man sie für das Terrarium benutzen.

schwach giftig | schwach giftig | schwach giftig | schwach giftig

Passionsblume, Blaue

Passiflora caerulea

Vorkommen: In den Tropen beheimatet, vor allem in Paraguay und Argentinien, findet man einige der 525 Arten heute oft als Zimmerpflanze.
Beschreibung: Der reich blühende Kletterstrauch trägt sternförmige, auffällige, große Blüten meist in Blau oder Cremeweiß, die einen Durchmesser von bis zu 8 cm erreichen können und aussehen wie ein Strahlenkranz mit 3 Griffeln und 5 Staubblättern. Die tief 5- bis 7-fach gelappten, wechselständig gestielten Laubblätter sind grün mit zugespitzten Blattenden, in den Blattachseln werden die Ranken gebildet. Die Früchte sind eiförmig und gelb.
Verwertbare Teile: Keine.
Giftige Pflanzenteile: Alle bis auf die reifen Früchte.
Toxische Substanzen: Cyanogene Verbindungen, Alkaloide, Flavonoide und Saponine.
Vergiftungserscheinungen: Erbrechen, Kratzen im Hals, Kopfschmerzen, Schwindelgefühl, erhöhter Speichelfluss, allgemeine Schwäche, Krämpfe. Blausäure bewirkt erst Erregung, dann Lähmungen des Zentralen Nervensystems.
Erste Hilfe: Behandlung der Symptome, bei stärkeren Beschwerden den Tierarzt aufsuchen.
Besonderheiten: Die Früchte der verwandten und essbaren *Passiflora edulis* sind die bekannten Maracujas oder Passionsfrüchte.

Vorsicht

Die Passionsblume ist giftig für Hasen und Kaninchen, vor allem, wenn das Laub in ihr Gehege fällt. Gefährdet sind auch Katzen, die an den Blättern herumknabbern.

giftig | giftig | giftig | giftig

Philodendron

Philodendron spec.

Andere Bezeichnung: Baumfreund
Vorkommen: Entstammt der Familie der Aronstabgewächse und ist in Regenwäldern des tropischen Südamerikas beheimatet.
Beschreibung: Die immergrüne, krautige Pflanze wird bis zu 6 m hoch, die Blätter glänzen ledrig und können je nach Art eiförmig, länglich, herz- oder pfeilförmig, speerförmig, ganzrandig oder gesägt sein. Die Blütenstände bestehen, typisch für Aronstabgewächse, aus einem Hüllblatt und einem Kolben.
Giftige Pflanzenteile: Alle.
Toxische Substanzen: Aroinähnliche Scharfstoffe, Kalziumoxalat.
Vergiftungserscheinungen: Leichte Erregbarkeit, nervöses Zucken, Krämpfe, gelegentliche Genickstarre, ähnlich der Symptome einer Hirnhautentzündung, mechanische Verletzungen der Haut, Schleimhautreizungen, Reizung des Magen-Darm-Trakts.
Erste Hilfe: Behandlung der Symptome, unbedingt einen Tierarzt aufsuchen.
Besonderheiten: Das Fensterblatt (*Monstera deliciosa*) wird manchmal auch zu den Philodendronarten gezählt, ist ebenfalls giftig. Es kann bei Berührung oder Verzehr zu Schleimhautreizungen, Erbrechen, Würgen, Krämpfen und Speichelfluss kommen.

Vorsicht

Auch das abgelaufende Gießwasser kann toxische Substanzen enthalten, was vor allem für Katzen eine Gefahrenquelle darstellt.

stark giftig | stark giftig | stark giftig | stark giftig

Purpurtute

Syngonium podophyllum

Andere Bezeichnung: Eselskopf
Vorkommen: In Mexiko und Guatemala beheimatet, aus der Familie der Aronstabgewächse. Lediglich zwei der mehr als 20 in der Wildnis vorkommenden Arten der Purpurtute sind im Handel. Sie sind zu pflegeleichten Grünpflanzen für Zimmer und auch größere Innenräume geworden, auch weil sie der Luft nachgewiesenermaßen Schadstoffe wie Formaldehyd entziehen.
Beschreibung: Der immergrüne bis zu 2 m hohe Kletterstrauch kann hängen, klettern oder kriechen und hat pfeilförmige, tief eingeschnittene, hellgrüne Blätter mit weißen Streifen, im Alter bis zu 30 cm lang und gefingert. Die weißen, winzigen Blüten sind sehr selten, die Früchte erscheinen als Beeren an einem kolbigen Fruchtstand.
Giftige Pflanzenteile: Alle. Die Blätter und Stiele scheiden bei Verletzungen einen milchigen Saft aus.
Toxische Substanzen: Unlösliche Kalziumoxalatkristalle, Oxalsäure.
Vergiftungserscheinungen: Speichelfluss, Schluckbeschwerden mit Brennen der Maul- und Rachenschleimhaut, Reizungen des Magen-Darm-Trakts mit Erbrechen und Durchfall, inneren Blutungen und Zahnfleischbluten.
Erste Hilfe: Behandlung der Symptome, unbedingt den Tierarzt aufsuchen.
Besonderheiten: Die Pflanze ist als Terrarienbepflanzung nicht geeignet, zumindest wenn pflanzenfressende Reptilien gehalten werden.

als Futter sehr gut | als Futter sehr gut | als Futter sehr gut | als Futter sehr gut

Schönpolster, Kriechendes

Callisia repens

Andere Bezeichnung: Golliwoog
Vorkommen: Ursprünglich in Lateinamerika beheimatet, ist das Schönpolster eine beliebte Zierpflanze, die mittlerweile auch als Futterpflanze für Heimtiere sowie als ungiftige Terrarienbepflanzung entdeckt worden ist.
Beschreibung: Die ausdauernde, pflegleichte Pflanze aus der Familie der Commelinagewächse bildet kriechende Matten mit kleinen, fleischigen, ovalen Blättern, die zu den Triebspitzen hin kleiner werden. Das Grün der Blätter geht manchmal ins rötliche über. Die Blütenstände sitzen in den Blattachseln, sind zwittrig, weiß, unauffällig und geruchlos. Es entwickeln sich Kapselfrüchte mit 1 mm großen Samen.
Verwertbare Teile: Die ganze Pflanze.
Erntezeit: Das ganze Jahr über, da der „Golliwoog" als Zimmerpflanze gehalten wird.
Inhaltsstoffe: Kalzium, Magnesium, Vitamin A und E.
Giftige Pflanzenteile: Keine.
Besonderheiten: Der hohe Wasseranteil macht das Schönpolster ideal für Tiere, die nicht gerne trinken, was vor allem auf Reptilien zutrifft. Auch als Terrarienbepflanzung eignet sich die Pflanze hervorragend. Wird aber auch gerne von Nagetieren und Vögeln genommen und mit Begeisterung zerzupft.

Vorsicht

Die im Handel befindlichen Schönpolster sind oft mit Düngemittel oder Pestiziden belastet. Im Zoofachhandel werden diese als Futterpflanzen ungespritzt angeboten.

schwach giftig | schwach giftig | schwach giftig | schwach giftig

Schusterpalme

Aspidistra elatior

Andere Bezeichnungen: Metzgerpalme, Schildblume, Eisenpflanze
Vorkommen: Das Mäusedorngewächs ist in den gebirgigen Wäldern Chinas und Japans beheimatet und wurde zu einer beliebten Zimmerpflanze. Sie stand vor allem in den Schaufenstern von Schustern und Metzgern als Dekoration – daher der Name. Als Zimmerpflanze ist sie heute weniger im Trend und kaum in Pflanzenmärkten zu erhalten.
Beschreibung: Die anspruchslose, immergrüne, mehrjährige Pflanze hat dunkelgrüne längliche, ledrige Blätter, die eine Länge von bis zu 1 m erreichen können und sich aus kriechenden Rhizomen hervorschieben. Es gibt aber auch Exemplare mit weißen Streifen oder Flecken auf den Blättern. Gelegentlich erscheint in Bodennähe eine schmutzig violette, unscheinbare Blüte.
Giftige Pflanzenteile: Vermutlich die Blätter.
Toxische Substanzen: Unbekannt, in einigen Literaturangaben wird die Schusterpalme als ungiftig eingestuft.
Vergiftungserscheinungen: Eventuell Reizungen des Magen-Darm-Trakts, Kreislaufkollaps, Atemlähmung.
Erste Hilfe: Behandlung der Symptome. Bei stärkeren Beschwerden den Tierarzt aufsuchen.
Besonderheiten: Als Terrarienbepflanzung mit nicht pflanzenfressenden Bewohnern geeignet, da die Pflanze sehr robust ist.

schwach giftig | giftig | giftig | giftig

Weihnachtsstern

Euphorbia pulcherrima

Andere Bezeichnungen: Adventsstern, Poinsettie, Christstern
Vorkommen: Beheimatet in Südmexiko, ist das Wolfsmilchgewächs eine beliebte Zimmerpflanze, besonders zur Weihnachtszeit.
Beschreibung: Der Weihnachtsstern ist ein bis zu 2 m hoher Strauch mit gezahnten, 15 cm langen Blättern. Die winzigen Blüten sind von zahlreichen gefärbten Hochblättern umgeben.
Giftige Pflanzenteile: Alle.
Toxische Substanzen: Ester des 13-Hydroxyingenol und des Ingenols kommen wie auch andere Diterpenester nur in Spuren vor. Die meisten kultivierten Formen sind daher nur schwach giftig, es gibt allerdings auch stark giftige Einzelexemplare.
Vergiftungserscheinungen: Erbrechen, Durchfall, Hautreizungen durch den Milchsaft, Nierenreizungen und Koma, verzögerte Reflexe.
Erste Hilfe: Behandlung der Symptome, gründliche Reinigung der betroffenen Hautstellen mit Wasser, Medizinalkohle, bei starken Beschwerden den Tierarzt aufsuchen.
Besonderheiten: Ratten und Mäuse zeigten selbst bei hohen Dosen keine Vergiftungserscheinungen.

Vorsicht

Die Giftintensität ist den Pflanzen nicht anzusehen, daher ist trotz der vermuteten Harmlosigkeit der Pflanze Vorsicht geboten. Der Weihnachtsstern ist auf keinen Fall als Futterpflanze geeignet.

weder giftig noch nutzbar | *weder giftig noch nutzbar* | *weder giftig noch nutzbar* | *weder giftig noch nutzbar*

Yucca

Yucca filamentosa

Andere Bezeichnungen: Palmlilie
Vorkommen: Die Yucca ist in Mittelamerika beheimatet und wird wegen ihres palmenähnlichen Schopfes oft fälschlicherweise als Yuccapalme bezeichnet. Beliebt als Zimmer-, Kübel- und Freilandpflanze, da die Yucca relativ frosthart ist.
Beschreibung: Eine mehrjährige, verholzte Pflanze, die je nach Art einen Stamm bildet oder nicht. Die derben, spitzen und starren Laubblätter sind meist an den Rändern glatt, selten gezahnt. Ältere Pflanzen bilden manchmal Blüten aus, in Zimmerkultur ist jedoch kaum damit zu rechnen. Die rispigen, weißlichen Blüten stehen mit vielen glockenförmigen Blüten zusammen, die aussehen wie ein riesiges Maiglöckchen. Es werden Kapselfrüchte oder Beeren ausgebildet, die viele schwarze oder graue Samen enthalten.
Giftige Pflanzenteile: Vermutlich keine.
Inhaltsstoffe: In der Literatur gibt es keine einheitlichen Angaben zu den Inhaltsstoffen.
Verwertbare Teile: Die Blüten einiger *Yucca*-Arten sind als Futterpflanze geeignet, doch sind die Angaben strittig, sodass keine schlüssige Aussage gemacht werden kann, um welche Arten es sich dabei handelt. In Mexiko soll die Yucca allerdings als Nutzpflanze Verwendung finden.

Vorsicht

Die Yuccapflanze ist als Terrarienbepflanzung für Wüstenterrarien gut geeignet, wenn man Exemplare mit nicht zu scharfen Spitzen verwendet.

schwach giftig | schwach giftig | schwach giftig | schwach giftig

Zierspargel

Asparagus falcatus

Andere Bezeichnungen: Zimmerspargel, Asparagus

Vorkommen: Sri Lanka und das tropische Afrika sind die Heimat des Zierspargels, der zu einer beliebten Zimmerpflanze geworden ist.

Beschreibung: Der anspruchslose Zierspargel ist ein überhängender oder leicht aufrechter, bedornter Spreizklimmer mit sichelförmigen, bei anderen Arten nadelförmigen Blättern. Die Blüte ist klein, weiß und duftend, es bilden sich braune, kugelige Beeren.

Verwertbare Teile: Keine.

Giftige Pflanzenteile: Lediglich die Beeren sind giftig.

Toxische Substanzen: Über die toxischen Substanzen des Zierspargels gibt es keine gesicherten Angaben. Die Beeren des Gemeinen oder Gemüsespargels, *Asparagus officinalis*, enthalten jedoch giftige Glykoside. In den Sprossen konnten schwefelhaltige Verbindungen nachgewiesen werden, die zu Hautreizungen und allergischen Reaktionen führen können.

Vergiftungserscheinungen: Eine leichte Gastritis wäre zu befürchten. Ebenso Hautreizungen und allergische Reaktionen.

Erste Hilfe: Behandlung der Symptome.

Vorsicht

Obwohl lediglich die Beeren als giftig beschreiben werden, ist der Zierspargel keine Futterpflanze und auf Grund seiner Dornen auch nicht zur Terrarienbepflanzung geeignet.

schwach giftig | schwach giftig | als Futter geeignet | schwach giftig

Zimmerbambus

Pogonatherum paniceum

Andere Bezeichnungen: Seychellengras, Zwergbambus
Vorkommen: Wächst in den Grasländern Chinas, Malaysias und Australiens, hat aber gerade für Katzenliebhaber auch bei uns an Bedeutung als Zimmerpflanze zugenommen. Ist aber trotz seines Namens nicht mit dem Bambus verwandt, sondern eher mit dem Zuckerrohr.
Beschreibung: Niedrige, buschige Pflanze mit dicht gedrängten, gegliederten Halmen, die im oberen Bereich stark verzweigt sind und später etwas überhängen. Die Blätter sind schmal, immergrün von frischer Farbe und befinden sich an langen, aber kräftigen Stielen. Dieses Süßgras kommt regelmäßig zum Blühen.
Verwertbare Teile: Blätter.
Inhaltsstoffe: Kieselsäure auch in den Blättern und die Aminosäuren Tyrosin, Arginin, Histydin und Leucin, aber auch Kalium und Eisen.
Giftige Pflanzenteile: Bambussprossen.
Toxische Substanzen: Blausäureglykoside in den Sprossen.
Besonderheiten: Katzen lieben die Blätter des Zimmerbambus und knabbern gerne daran. Daher kann ihnen die Pflanze als Grasersatz angeboten werden. Für diesen Zweck ist sie auch ungespritzt im Handel. Zur Bepflanzung in Terrarien ist das Süßgras ebenso gut geeignet.

Vorsicht

Die Schösslinge sind als Tierfutter nicht geeignet, da sie in rohem Zustand ein giftiges Blausäureglykosid enthalten.

weder giftig noch nutzbar | weder giftig noch nutzbar | als Futter geeignet | weder giftig noch nutzbar

Zyperngras

Cyperus involucratus

Andere Bezeichnung: Papyrus
Vorkommen: Beheimatet im tropischen, östlichen Afrika und den Sumpfgebieten Madagaskars findet es sich aber auch in den Flachwasserbereichen des Mittelmeerraums. Eine beliebte und dekorative Zimmerpflanze, vor allem bei Katzenhaltern, da die Tiere es nutzen, um zur Magenreinigung Erbrechen auszulösen. Es gibt rund 600 verschiedene Arten, im Handel sind im Allgemeinen die Arten mit einer Wuchshöhe von 1 m.
Beschreibung: Das aufrecht wachsende, anspruchslose Sauergras kann eine Höhe von bis zu 2 m erreichen, je nach Art. An den Enden der Stängel, die sehr leicht abknicken können, befinden sich kreisförmig angeordnete, lange, dünne Blätter, die einem Schirm ähneln. Im Frühjahr und Sommer bildet die Pflanze weißlich gelbe Blüten aus.
Verwertbare Teile: Blätter und Stiele.
Erntezeit: Ganzjährig, da die Pflanze als Zimmerpflanze gehalten werden kann.
Inhaltsstoffe: Unbekannt.
Giftige Pflanzenteile: Keine.
Besonderheiten: Zyperngras, oft fälschlicherweise auch Papyrus genannt, wird gerne von Katzen geknabbert. Es ist allerdings keine Futterpflanze in dem Sinne.

Vorsicht

Die Blätter des Zyperngrases sind oft sehr scharf und können mechanische Verletzungen hervorrufen. Daher auch nur bedingt als Terrarienbepflanzung geeignet.

Gartenpflanzen

Der Garten ist für unsere Heimtiere ein Ort für vielerlei Aktivitäten. Die meisten Pflanzen sind ungefährlich oder sogar essbar, manche allerdings bergen auch Risiken.

schwach giftig | schwach giftig | schwach giftig | schwach giftig

Akelei, Gemeine

Aquilegia vulgaris

Andere Bezeichnungen: Elfenschuh, Zigeunerglocke, Teufelsglocke, Kaiserglocke, Narrenkappe, Agelblume
Vorkommen: Das Hahnenfußgewächs ist heimisch in weiten Teilen Asiens, Nordamerikas und in Europa und bevorzugt schattige Wiesen mit Kalkböden. Auch als Gartenzierpflanze sehr beliebt.
Beschreibung: Das ausdauernde Kraut wird bis zu 80 cm hoch, der aufrechte, weit verzweigte Stängel wächst aus einer grundständigen Blattrosette heraus, deren Blätter 3-lappig und am Rand gekerbt sind. Die Blüte zeigt sich glockenförmig, langstielig, nickend, mit 5 Kronblättern in Blau, Violett oder Rosa.
Verwertbare Teile: Keine.
Giftige Pflanzenteile: Die ganze Pflanze, aber besonders die Samen.
Toxische Substanzen: Enthält die cyanogenen Glykoside Dhurrin und Triglochinin, aber offensichtlich in sehr geringen Mengen, und Isochinolinalkaloide, die Brennen, Rötungen und Blasenbildung auf der Haut hervorrufen können.
Vergiftungserscheinungen: Reizungen des Magen-Darm-Trakts mit Übelkeit, Erbrechen und Durchfall, Benommenheit bis zur schweren Ohnmacht, verengte Pupillen, Durchfall, Krämpfe, Atemnot, Herzbeschwerden.
Erste Hilfe: Behandlung der Symptome. Medizinalkohle, unter Umständen den Tierarzt aufsuchen.
Besonderheiten: Da die Pflanze sehr bitter schmeckt, sind Tiervergiftungen sehr selten. Die Gemeine Akelei steht unter Naturschutz!

giftig | giftig | giftig | giftig

Alpenrose, Bewimperte

Rhododendron hirsutum

Andere Bezeichnungen: Rhododendron, Almrausch, Steinrose
Vorkommen: Schwerpunktmäßig in den Kalkalpen über 600 m an steinigen Hängen wachsend, ist die Pflanze auch für den Garten erhältlich.
Beschreibung: Das immergrüne Heidekrautgewächs hat einen stark buschigen Wuchs mit einer Höhe bis zu 1 m. Die Äste sind kräftig und dicht verzweigt, die jungen Triebe zerstreut behaart und nur wenig schuppig, die Blätter schmal und elliptisch, mit fein gekerbtem Blattrand. Die hübschen Einzelblüten zeigen sich glockig, trichterfömig und hellrot bis purpurfarben, die Kapselfrüchte oval und holzig, enthalten viele kleine, hellbraune Samen.
Verwertbare Teile: Keine.
Giftige Pflanzenteile: Laub, Nektar, Pollen.
Toxische Substanzen: Andromedotoxin.
Vergiftungserscheinungen: Starker Speichelfluss, Übelkeit mit Erbrechen und Durchfall, Krämpfe, Schwindel, Muskellähmungen, nervöse Erregungserscheinungen, Juckreiz auf der Haut und den Schleimhäuten.
Erste Hilfe: Behandlung der Symptome, Medizinalkohle, unbedingt den Tierarzt aufsuchen.
Besonderheiten: Die Toxine tauchen regional gehäuft in den Beständen auf, was heißt, dass die Pflanze je nach Standort und Landschaft mehr oder weniger stark giftig sein kann.

Vorsicht

Häufig Vergiftungen durch Pflanzenschnitt.

als Futter sehr gut | als Futter sehr gut | als Futter sehr gut | als Futter sehr gut

Apfelbaum

Malus domestica

Vorkommen: Der Kulturapfel hat seine Heimat wahrscheinlich in Asien und ist mittlerweile fast weltweit verbreitet. Man findet die sommergrünen Bäume in Gärten, auf Wiesen und Feldern, manchmal auch verwildert.
Beschreibung: Die Formen des Apfelbaums sind sehr unterschiedlich, die Höhe kann 8 bis 15 m betragen, die Laubblätter sind eiförmig, meist gesägt, die Blüten weiß mit etwas Rosa und die Früchte können grün, gelblich oder rot sein.
Verwertbare Teile: Äste, Laub, Knospen, Früchte.
Erntezeit: Äste ganzjährig, Blüten im Mai und Juni, Früchte von August bis November, im Handel ganzjährig.
Inhaltsstoffe: Kalium, Kalzium, Magnesium, Vitamin C.
Giftige Pflanzenteile: Apfelkerne.
Toxische Substanzen: Amygdalin, ein cyanogenes Glykosid, das in Gegenwart von Wasser das Atemgift Blausäure abspaltet.
Vergiftungserscheinungen: Kopfschmerzen, Schwindel, Erbrechen, Krämpfe, Ohnmacht.
Erste Hilfe: Behandlung der Symptome. Viel Wasser und Medizinalkohle eingeben.
Besonderheiten: Selbst bei dem kleinen Organismus der meisten Tiere ist eine Vergiftung sehr unwahrscheinlich. Die tödliche Dosis beim Menschen liegt bei 6000 zerkauten Kernen.

Vorsicht

Die Gefahr einer Verunreinigung durch Umweltgifte ist bei im Handel erworbenen Äpfeln relativ groß, daher lieber Ware aus Eigenanbau oder dem Bioladen nehmen.

stark giftig | stark giftig | stark giftig | stark giftig

Aronstab, Gefleckter

Arum maculatum

Andere Bezeichnungen: Entenschnabel, Eselsohren, Fieberwurz, Pfaffenblut, Zahnwurz, Trommelschlegel
Vorkommen: Beheimatet in Mittel- und Südeuropa, wächst der Aronstab an schattigen Plätzen, in feuchten Laubmischwäldern und Auenwäldern. Der Italienische Aronstab (*Arum italicum*) auch in Parks und Gärten.
Beschreibung: Die ausdauernde Pflanze wird bis 50 cm hoch, die Blätter sind pfeilförmig, schwärzlich, unter Umständen gefleckt. Die Blüten befinden sich am unteren Teil eines braunen Kolbens, die Beerenfrucht ist leuchtend rot.
Verwertbare Teile: Keine.
Giftige Pflanzenteile: Alle.
Toxische Substanzen: Kalziumoxalatnadeln, Scharfstoffe, das Saponin Aroin, das Alkaloid Coniin, cyanogene Glykoside.
Vergiftungserscheinungen: Starke Schleimhautreizung, starker Speichelfluss, allgemeine Schwäche, Lähmung des Zentralen Nervensystems mit Bewegungsstörungen, Krämpfe, nachfolgend Kollaps mit Todesfolge.
Erste Hilfe: Behandlung der Symptome, Abwaschen der betroffenen Hautstellen, Medizinalkohle, unbedingt den Tierarzt aufsuchen.
Besonderheiten: Die Letaldosis für ein Meerschweinchen liegt bei 3 ml Pflanzensaft pro kg Körpergewicht.

Vorsicht

Auch im getrockneten Zustand, als Heu, noch giftig, wenn auch nicht mehr so stark.

giftig | giftig | giftig | giftig

Besenginster

Cytisus scoparius

Andere Bezeichnungen: Besenstrauch, Pfriemenstrauch, Gilbkraut, Mägdebusch, Kohlheide, Frauenschüchel
Vorkommen: Verbreitet in Mittel- und Osteuropa und dem Balkan, gerne auch als Zierpflanze in Gärten und Parks.
Beschreibung: Der Strauch kann eine Wuchshöhe von 50 cm bis 2 m erreichen, die rutenförmigen Zweige sind grün und kantig mit kleinen, weich behaarten Blättchen. Die goldgelben Schmetterlingsblüten sitzen einzeln oder zu zweit an den Stängeln, in den Achseln der Blätter.
Giftige Pflanzenteile: Die ganze Pflanze, besonders die Samen.
Toxische Substanzen: Spartein, daneben Lupanin und Hydroxilupanin.
Vergiftungserscheinungen: Spartein wirkt in kleinen Dosen erregend, in höheren lähmend auf das Vegetative Nervensysem, dem Nikotin ähnlich. Zudem Reizungen des Magen-Darm-Trakts mit Übelkeit, Erbrechen und Durchfall, manchmal aber auch Verstopfung bis zum Darmverschluss, erhöhter Speichelfluss.
Erste Hilfe: Behandlung der Symptome, Verabreichung von Flüssigkeit, unter Umständen den Tierarzt aufsuchen.

Vorsicht

Der Besenginster sollte nicht in die Nähe von Fischteichen gepflanzt werden, da die herabfallenden Samen auch für Fische tödlich sein können.

Birnbaum

Pyrus communis

Andere Bezeichnungen: Kulturbiren, Holzbirne
Vorkommen: Dieser Baum aus der Familie der Rosengewächse ist vor allem in Europa, Vorderasien und Sibirien anzutreffen, bevorzugt an sonnigen Standorten.
Beschreibung: Der sommergrüne, kegelförmige Laubbaum ist die Urform unserer Kulturbirne und erreicht eine Höhe von 10 bis 15 m. Die Blätter sind eiförmig, dunkelgrün, glänzend und weisen auf der Unterseite eine bläulich grüne Farbe auf. Die weißen Blüten sind 5-zählig. Die Frucht erscheint rundlich bis eiförmig und ist in der Urform kaum genießbar, in der Kulturform jedoch die köstliche Birne.
Verwertbare Teile: Die Frucht der Kulturform, die Äste und Blätter.
Erntezeit: Die Äste und Blätter während der ganzen Wachstumsphase, die Früchte der Kulturform sind fast das ganze Jahr über im Handel erhältlich.
Inhaltsstoffe: Viel Zucker, viel Kalium, Eisen, Magnesium und Vitamin C.
Giftige Pflanzenteile: Keine.
Besonderheiten: Nagetiere fressen besonders gerne die Blätter des Birnbaums. Zur Fütterung an Reptilien gibt es keine gesicherten Angaben, die Früchte können aber sehr wohl verfüttert werden. Die Birnenfrucht enthält allerdings sehr viel Zucker und ist daher sparsam zu füttern.

Vorsicht

Die Früchte aus dem Handel sollten geschält verfüttert werden oder man greift auf Früchte aus Eigen- oder ökologischem Anbau zurück.

stark giftig | stark giftig | stark giftig | stark giftig

Blauregen

Wisteria sinensis

Andere Bezeichnungen: Glyzine, Chinesische Wisterie
Vorkommen: Beheimatet in China, ist die Pflanze aus der Familie der Schmetterlingsblütler auch in Mittel- und Südeuropa zu finden.
Beschreibung: Die stark wachsende Schlingpflanze mit einer Wuchshöhe von über 30 m blüht meist zweimal jährlich. Die Blüten sind auffallende große Blütentrauben in Weiß oder Blauviolett, die Blätter bis zu 30 cm lang und unpaarig gefiedert.
Verwertbare Teile: Keine.
Giftige Pflanzenteile: Alle.
Toxische Substanzen: Alkaloide, in Samen und Hülse, vor allem Lectine und ein noch unbekannter Wirkstoff in Rinde und Wurzeln sowie das Wistarin, ähnlich, aber schwächer als das Gift des Goldregens.
Vergiftungserscheinungen: Störungen des Magen-Darm-Trakts mit Erbrechen und Durchfall, Pupillenerweiterung, Schläfrigkeit, Kreislaufstörungen, Kollapsgefahr.
Erste Hilfe: Behandlung der Symptome, unbedingt den Tierarzt aufsuchen.
Besonderheiten: Die letale Dosis bei Tieren ist unbekannt, da aber bereits 2 Samen bei Kindern Vergiftungserscheinungen auslösen können, ist anzunehmen, dass auf Grund des kleineren Organismus der meisten Tiere die tödliche Menge sehr gering ist.

Vorsicht

Besonders gefährdet sind Nagetiere, die den auf dem Boden liegenden Samen fressen könnten.

stark giftig | stark giftig | stark giftig | stark giftig

Buchsbaum, Gemeiner

Buxus sempervirens

Andere Bezeichnungen: Beetzaun, Grabkraut, Palm
Vorkommen: Ursprünglich in Südwest- und Mitteleuropa, Nordafrika und Westindien heimisch, wurde der Buchs zum beliebten Zierstrauch in Gärten und Parks.
Beschreibung: Das immergrüne Gehölz wächst sehr langsam, kann aber bis zu 8 m hoch werden. Die Blätter sind länglich bis elliptisch und dunkelgrün und werden bis 3 cm lang. Im Frühjahr erscheinen dann die gelben, duftlosen Blüten, die aus den Blattachseln herauswachsen. Die bräunliche Kapselfrucht enthält zwei schwarzbraune Samen.
Verwertbare Teile: Keine.
Giftige Pflanzenteile: Alle.
Toxische Substanzen: Alkaloidgemisch mit dem Hauptwirkungsstoff Buxin und den Nebenalkaloiden Buxanin, Buxatin, Buxandrin und anderen toxischen Stoffen.
Vergiftungserscheinungen: Zuerst zentral erregend, dann lähmend und blutdrucksenkend. Störungen des Magen-Darm-Trakts mit Erbrechen und Durchfall, Zittern, Taumeln, Krämpfe, Tod durch Atemlähmung.
Erste Hilfe: Behandlung der Symptome, Medizinalkohle, unbedingt den Tierarzt aufsuchen.
Besonderheiten: Letaldosis bei Hunden liegt bei 5 g Blätter pro kg Körpergewicht.

Vorsicht

Gefährdet sind Meerschweinchen, Kaninchen oder Schildkröten im Freiland durch Fressen der am Boden liegenden Äste.

stark giftig | stark giftig | stark giftig | stark giftig

Christrose

Helleborus niger

Andere Bezeichnungen: Schwarze Nieswurz, Schneerose, Himmelrose
Vorkommen: Beheimatet in Mittel- und Südeuropa, ist die Christrose eine beliebte Gartenzierpflanze.
Beschreibung: Dieses ausdauernde, buschige, mehrjährige Hahnenfußgewächs mit handförmigen, dunklen und immergrünen Blättern, mit der Form eines Fußes, hat ledrige, tiefgrüne Grundblätter. Die endständigen Einzelblüten zeigen sich in den Farben Weiß oder Rötlich und verfärben sich nach dem Verblühen grünlich. Aus den Fruchtblättern entwickeln sich Balgfrüchte mit zahlreichen Samen.
Verwertbare Teile: Keine.
Giftige Pflanzenteile: Alle.
Toxische Substanzen: Ein Saponingemisch aus Helleborin und Ranunculosiden. Herzglycoside wie in anderen *Helleborus*-Arten kommen nicht vor.
Vergiftungserscheinungen: Reizung der Schleimhäute von Maul und Verdauungstrakt, Kratzen im Hals, vermehrter Speichelfluss, Übelkeit mit Erbrechen und Durchfall, Krämpfe, Schädigung der Nieren, zentralnervöse Erregung, Lähmung, eventuell Tod durch Atemlähmung.
Erste Hilfe: Behandlung der Symptome, Medizinalkohle, unbedingt den Tierarzt aufsuchen.

Vorsicht

Toxine werden durch Trocknung (Heu) nicht zerstört.
Somit sind vor allem Nagetiere gefährdet, die mit Heu aus dem Eigenanbau versorgt werden.

weder giftig noch nutzbar | als Futter gut | weder giftig noch nutzbar | als Futter gut

Dahlie

Dahlia hortensis

Andere Bezeichnung: Georgine
Vorkommen: Das Ursprungsland dieses Korbblütlers ist Mexiko, die „Sonne der Azteken" ist bei uns seit 1790 bekannt und hat sich auf Grund ihres variablen und farbenfreudigen Erscheinungsbilds zu einer beliebten Garten- und Kübelpflanze entwickelt.
Beschreibung: Die straff aufrecht wachsende, meist unverzweigte Staude hat gegenständige, oft 3-teilige, dunkelgrüne Blätter mit gesägtem Blattrand. Die Blütenstände stehen an langen, schlanken, kahlen Stielen und wachsen als runde, körbchenförmige Köpfchen mit Röhren- und Zungenblüten in vielen Farben und Formen.
Verwertbare Teile: Blüten.
Erntezeit: August bis Oktober.
Inhaltsstoffe: Inulin, keine weiteren Angaben in der Literatur.
Giftige Pflanzenteile: Keine.
Toxische Substanzen: Keine.
Besonderheiten: Über das Verfüttern von Blättern oder Stängeln gibt es keine gesicherten Angaben. Die von Schildkröten und Bartagamen oder Leguanen geliebten Dahlienblüten sind kein Alleinfutter und sollten nur ab und zu als Leckerbissen verfüttert werden.

Vorsicht

Im Handel erworbene Blumen sind meist mit Pestiziden behandelt, daher ist eine Verfütterung nicht zu empfehlen. Blüten aus dem eigenen Anbau sind hingegen sicherlich nicht oder kaum belastet.

stark giftig | stark giftig | stark giftig | giftig

Efeu, Gemeiner

Hedera helix

Andere Bezeichnungen: Eppich, Wintergrün, Grabefeu
Vorkommen: Beheimatet in Europa, dem Mittelmeergebiet bis hin zum Kaukasus, aber auch in Eurasien und Nordamerika.
Beschreibung: Ein immergrüner, mehrjähriger Bodendecker und starker Kletterer mit Haftwurzeln. Die Blätter sind 3- bis 5-lappig, bis 10 cm lang, die Blüten unscheinbar, klein und gelbgrün. Die Früchte reifen im zeitigen Frühjahr als kugelige, schwarze, beerenartige Steinfrüchte.
Verwertbare Teile: Keine.
Giftige Pflanzenteile: Alle, besonders das Fruchtfleisch.
Toxische Substanzen: Glykosidische Verbindungen, besonders Hederasaponine, Falcarinol, die Blätter enthalten zudem Polyine und Kaffeesäurederivate.
Vergiftungserscheinungen: Lokale Reizungen der Schleimhäute, Gefäßerweiterungen, später dann Verengungen, Hämolyse, Übelkeit mit Erbrechen, Kopfschmerzen, Benommenheit, Halluzinationen, Atemstillstand, Schock.
Erste Hilfe: Behandlung der Symptome, Medizinalkohle, den Tierarzt aufsuchen.
Besonderheiten: Einheimische Vögel haben eine große Gifttoleranz, denn die Beeren sind für sie wichtiges Futter in den ersten Frühlingstagen!

Vorsicht

Auch wenn Vögel toleranter gegenüber toxischen Stoffen sind, darf man die Efeubeeren nicht als Futtermittel ansehen.

stark giftig | *stark giftig* | *stark giftig* | *giftig*

Eibe, Gemeine

Taxus baccata

Andere Bezeichnungen: Ibe, Bogenbaum, Ifenbaum, Roteibe, Taxusbaum
Vorkommen: Beheimatet in Europa, Südwestasien, Nordafrika, weltweit als Ziergehölz.
Beschreibung: Der immergrüne Strauch wächst baum- oder strauchförmig, bis höchstens 15 m mit weichen, biegsamen, sichelförmigen Nadeln. Die Blüte ist winzig, grünlich, der Samen ist von einem roten Samenmantel umgeben.
Verwertbare Teile: Keine.
Giftige Pflanzenteile: Alle, vor allem Samen, nicht jedoch der rote Samenmantel.
Toxische Substanzen: Taxanderivate (Diterpene), Taxin A, B und C und andere Stoffe, Baccatine, Taxole, Ephedrin. Cyanogene Glykoside in den Nadeln, mit höchstem Gehalt im Winter.
Vergiftungserscheinungen: Übelkeit, Erbrechen, Krämpfe, Schwindel, Kreislaufschwäche, Bewusstlosigkeit, beschleunigte Herzfrequenz, später Verlangsamung, Blutdruckabfall, Herzstillstand oder Tod durch Atemlähmung, oft nach wenigen Minuten.
Erste Hilfe: Behandlung der Symptome, Medizinalkohle, sofort zum Tierarzt!
Besonderheiten: Vögel scheiden die Samen unverdaut wieder aus. Tödliche Dosis beim Hund oder Huhn 30 g der Nadeln, beim Kaninchen 1,75 g.

Vorsicht

Getrocknet und gekocht bleiben die giftigen Substanzen enthalten. Besonders gefährdet sind freilaufende Tiere, die herabfallende Zweige und Früchte fressen.

giftig | stark giftig | stark giftig | stark giftig

Eiche

Quercus robur

Andere Bezeichnungen: Stileiche, Sommereiche
Vorkommen: Das Laubgehölz aus der Familie der Buchengewächse ist die wichtigste Laubbaumgattung der Nordhalbkugel.
Beschreibung: Sommergrüne oder immergrüne Bäume, seltener Sträucher mit runder Krone, die je nach Art bis zu 40 m hoch werden können. Die Blätter sind wechselständig, regelmäßig gelappt, länglich bis eiförmig. Während die weiblichen Blüten unscheinbar sind, zeigen sich die männlichen als Eichkätzchen. Die Frucht ist eine Nuss und sitzt im Fruchtbecher.
Verwertbare Teile: Keine.
Giftige Pflanzenteile: Blätter und Früchte.
Toxische Substanzen: Catechin-Gerbstoffe (Tannine).
Vergiftungserscheinungen: Fressunlust und Mattigkeit, übel riechender Durchfall, Koliken, die Aufnahme von Eisen wird verhindert, was zu Eisenmangel führen kann, Nieren und Leber können ebenfalls geschädigt werden.
Erste Hilfe: Behandlung der Symptome, viel Flüssigkeitszufuhr, Medizinalkohle, bei anhaltenden Beschwerden den Tierarzt aufsuchen.
Besonderheiten: Die Vergiftung durch Eicheln, besonders durch unreife Früchte, wird Eichelkrankheit genannt.

Vorsicht

Auch wenn Eichhörnchen oder Schweine gegenüber den Gerbstoffen der Eichel recht tolerant sind, kann diese Nuss nicht als Futtermittel empfohlen werden.

stark giftig | stark giftig | stark giftig | stark giftig

Engelstrompete

Datura suaveolens

Andere Bezeichnungen: Trompetenbaum, Daturabäumchen
Vorkommen: Die aus Südamerika stammende Engelstrompete ist auf Grund ihrer attraktiven, großen und betörend duftenden Blüten eine beliebte Kübelpflanze für Balkon und Terrasse.
Beschreibung: Die Zierpflanze wächst als Baum oder Strauch von 2 bis 5 m Höhe. Die etwa 20 cm großen Blätter sind eiförmig, elliptisch, der Blattrand kann ganzrandig oder gezähnt sein, an den Enden zu einer Spitze verjüngt. Die leicht hängenden, weißen, rosa, gelben oder orangefarbenen Blüten erreichen eine Länge von 50 cm und duften intensiv.
Verwertbare Teile: Keine.
Giftige Pflanzenteile: Alle.
Toxische Substanzen: Scopolamin in jungen Pflanzen, in den älteren überwiegt eher der Hyoscyamin-Anteil. Das Toxin entwickelt seine höchste Konzentration zur Blütezeit.
Vergiftungserscheinungen: Trockene Schleimhäute, Schluckbeschwerden, Sehstörungen, Herzrhythmusstörungen, halluzinogene Reaktionen, Erregung oder Depression, Krämpfe, Gleichgewichtsstörungen, Atembeschwerden, sehr schlechter Allgemeinzustand.
Erste Hilfe: Sofort den Tierarzt aufsuchen!
Besonderheiten: Schon allein der starke Duft der Blüten kann halluzinogene Wirkungen hervorrufen, die von Kopfschmerzen und Übelkeit begleitet werden.

Vorsicht

Vergiftungen mit Todesfolge sind nicht selten.

schwach giftig | schwach giftig | schwach giftig | schwach giftig

Essigbaum

Rhus typhina

Andere Bezeichnung: Hirschkolben-Sumach
Vorkommen: Ursprünglich aus dem Osten Nordamerikas, ist dieses Sumachgewächs in vielen Gärten und Parks ein Ziergehölz, vor allem wegen seiner attraktiven Herbstfärbung.
Beschreibung: Der weitverzweigte Essigbaum wird bis zu 6 m hoch, hat unpaarige Fiederblätter, die 20 bis 30 cm lang werden, die Borke ist grau und rissig. Die männlichen Blüten sind grünlich, die weiblichen rot. Der Fruchtstand ist kolbenartig, aufrecht stehend, filzig und rotbraun, die Samen sind orangerot.
Verwertbare Teile: Keine.
Giftige Pflanzenteile: Alle, besonders unreife Früchte auf Grund des hohen Gerbstoffanteils.
Toxische Substanzen: Gerbstoffe, Fruchtsäure.
Vergiftungserscheinungen: Magen-Darm-Beschwerden. Der austretende Milchsaft kann eine Kontaktdermatitis hervorrufen.
Erste Hilfe: Behandlung der Symptome, bei stärkeren Beschwerden den Tierarzt aufsuchen.
Besonderheiten: Einheimische Vögel nehmen die Samen sehr gerne, eine Empfehlung als Futterpflanze kann aber nicht gegeben werden.

Vorsicht

Hochgiftig sind die nordamerikanischen *Rhus*-Arten wie *R. toxicodendron*, *R. radicans* (Poison Ivy), *R. vernix* und *R. succedanea*, deren Saft extreme Hautschädigungen verursacht.

schwach giftig | schwach giftig | schwach giftig | schwach giftig

Feuerdorn

Pyracantha coccinea

Vorkommen: Der Feuerdorn ist in Südosteuropa sowie Südostasien beheimatet und wird wegen seiner auffälligen Blüten und Beeren gerne als Ziergehölz in Gärten gepflanzt.
Beschreibung: Immergrüner Strauch oder Baum mit stark bedornten Zweigen und einer Wuchshöhe von 4 bis 6 m. Die glänzenden, dunkelgrünen Laubblätter sind wechselständig oder in kleinen Büscheln angeordnet mit glatten oder leicht gesägten Blatträndern. Die weißen Blüten erscheinen im Frühjahr, im Herbst reifen die dekorativen Früchte heran, die intensiv gelb, orange oder rot gefärbt sind und aussehen, als brenne der ganze Busch.
Verwertbare Teile: Keine.
Giftige Pflanzenteile: Früchte, über die restlichen Pflanzenteile gibt es keine gesicherten Angaben.
Toxische Substanzen: Cyanogene Glykoside, allerdings nur in ganz geringen Mengen.
Vergiftungserscheinungen: Leichte Gastritis, keine ernsthaften Vergiftungen.
Erste Hilfe: Behandlung der Symptome, bei stärkeren Beschwerden, die jedoch nur nach Genuss sehr großer Mengen auftreten, den Tierarzt aufsuchen.

Vorsicht

Auch wenn die toxischen Stoffe nur in ganz geringen Mengen im Feuerdorn vorhanden sind, ist dieser keine Futterpflanze! Vögel zeigen hohe Gifttoleranz, zudem entkernen sie die Frucht.

als Futter geeignet | schwach giftig | schwach giftig | als Futter geeignet

Fichte, Gemeine

Picea abies

Andere Bezeichnung: Rottanne
Vorkommen: Die Fichten gehören zu den Kieferngewächsen, wobei die Gemeine Fichte die einzige heimische, in Mitteleuropa beheimatete Art ist. Sie wird wegen ihrer rotbraunen Rinde auch oft fälschlicherweise als Rottanne bezeichnet.
Beschreibung: Ein immergrüner einstämmiger Baum, der bis zu 60 m hoch werden kann. Die Krone hat die Form eines Kegels, die nadelförmigen Blätter sind spiralförmig an den Zweigen angeordnet. Die männliche Blüte ist rosa, eiförmig und 1 bis 2 cm lang, die weibliche entsteht aus endständigen Knospen, aus der dann die Zapfen hervorgehen.
Verwertbare Teile: Zapfen, Zweige.
Giftige Pflanzenteile: Nadeln.
Toxische Substanzen: Ätherische Öle wie das Terpentinöl.
Vergiftungserscheinungen: Reizungen des Magen-Darm-Trakts, Stupidität, Nieren- und Leberschädigungen, zentralnervöse Lähmungen, unter Umständen Tod durch Atemlähmung.
Erste Hilfe: Behandlung der Symptome, bei stärkeren Beschwerden den Tierarzt aufsuchen.
Besonderheiten: Wegen ihrer oft höheren Toleranzgrenze gegenüber einigen Giften ist es möglich, dass Vögel keine Beschwerden nach dem Genuss von Fichtennadeln oder Zweigen zeigen. Die Entscheidung, seinen Tieren die Pflanzenteile der Fichte zum Fressen oder Spielen zu reichen, bleibt dem Halter überlassen.

weder giftig noch nutzbar | weder giftig noch nutzbar | weder giftig noch nutzbar | weder giftig noch nutzbar

Flatterbinse

Juncus effusus

Vorkommen: Fast weltweit verbreitet, vor allem auf der Nordhalbkugel der Erde, mit Ausnahme der arktischen Gebiete, wächst die Pflanze aus der Familie der Binsengewächse bevorzugt an nassen, nährstoffreichen Standorten wie Feuchtwiesen, Nassweiden und Mooren. Wird auf Grund ihrer Anspruchslosigkeit gerne auch an Gartenteichen angepflanzt.
Beschreibung: Die mehrjährige, krautige, ausdauernde Pflanze erreicht eine Wuchshöhe von 30 bis 100 cm und bildet oft große Horste. Die starren, glatten runden Stängel wachsen aufrecht, sind selten leicht gestreift und tragen lediglich ein einzelnes, den Blütenstand überragendes, grasgrünes Blatt. Der Blütenstand ist eine vielblütige Spirre oder Trichterrispe, die glänzend braune Kapselfrucht enthält viele kleine, hellbraune Samen.
Verwertbare Teile: Keine.
Giftige Pflanzenteile: Keine.
Besonderheiten: Die kultivierte Variante ist die Liebeslocke, die als dekorative Zimmerpflanze (*Juncus effusus* var. *spiralis*) den Einzug in die Wohnzimmer gefunden hat. Sie eignet sich sehr gut für die Terrarienbepflanzung, da sie ungiftig ist.

Vorsicht

Die Liebeslocke ist keine Futterpflanze. Es ist lediglich unbedenklich, wenn die Tiere davon fressen.

schwach giftig | schwach giftig | schwach giftig | schwach giftig

Fleißiges Lieschen

Impatiens walleriana

Andere Bezeichnungen: Balsamine, Springkraut, Blümchen Rühr-mich-nicht-an
Vorkommen: In den tropischen Gefilden Ostafrikas zu Hause, werden einige Balsaminenarten auch auf Grund ihrer Blütenfreude gerne als einjährige Beet- und Balkonpflanzen kultiviert.
Beschreibung: Immergrüne, krautige Pflanze, mit rötlich gestreiften Stängel und ovalen, grünen, wechselständigen Blättern, die eine Wuchshöhe von 30 bis 60 cm erreichen kann. Die kleinen 5-zähligen Blüten sind in vielen Farben von weiß, über orange bis zu rubinrot erhältlich, zum Teil auch doppelt und gefüllt. Der winzige, braune Samen wird bei Berührung aus der Samenkapsel geschleudert.
Verwertbare Teile: Keine.
Giftige Pflanzenteile: Alle Teile sind ganz leicht giftig.
Vergiftungserscheinungen: Leichte Gastritis wäre möglich.
Erste Hilfe: Behandlung der Symptome, bei stärkeren Beschwerden, die allerdings nur beim Genuss sehr großer Mengen auftreten können, den Tierarzt aufsuchen.
Besonderheiten: Das fleißige Lieschen und alle anderen Balsaminenpflanzen sind zwar ganz leicht toxisch, rufen allerdings keine erheblichen gesundheitlichen Schädigungen hervor.

Vorsicht

Auch wenn die Balsaminen nur sehr schwach toxisch sind, sollte man die Tiere, wenn sie davon gefressen haben, eingehend beobachten.

stark giftig | stark giftig | stark giftig | stark giftig

Gartenbohne

Phaseolus vulgaris, Phaseolus coccineus

Andere Bezeichnungen: Stangenbohne, Buschbohne, Kletterbohne
Vorkommen: Die grüne Gartenbohne ist im tropischen bis subtropischen Amerika beheimatet, aber als Kulturpflanze weit verbreitet.
Beschreibung: Dieser Schmetterlingsblütler ist einjährig und wächst sich windend (Stangenbohnen) oder aufrecht (Buschbohnen). Die Blätter sind eiförmig zugespitzt, die kleinen Blüten gelblich violett, bei der Feuerbohne *P. coccineus* rot. Die langen, hängenden Hülsenfrüchte enthalten bis zu 6 Samen.
Verwertbare Teile: Keine.
Giftige Pflanzenteile: Bohnen im rohen Zustand, über die Blätter sind keine Informationen bekannt.
Toxische Substanzen: Vor allem zellgiftige Lectine wie Phaseolin, Phasin und andere.
Vergiftungserscheinungen: Veränderung der Darmflora durch Schädigung der Dünndarmschleimhaut und damit Verringerung der Aktivität von Enzymen. Die Schädigung ist nach längerer Aufnahme der Giftstoffe irreversibel. Zudem Fressunlust bis zur Futterverweigerung, Krämpfe, Gewichtsverlust, Magen-Darm-Beschwerden mit Durchfall und zum Teil auch blutigem Erbrechen.
Erste Hilfe: Behandlung der Symptome, Flüssigkeitsgabe, der Tierarzt sollte unbedingt sofort aufgesucht werden.
Besonderheiten: Die Lectine werden beim Kochen zerstört.

schwach giftig | schwach giftig | schwach giftig | schwach giftig

Geißblatt, Echtes

Lonicera caprifolium

Andere Bezeichnungen: Wohlriechendes Geißblatt, Jelängerjelieber, Gartengeißblatt
Vorkommen: Verbreitet in fast ganz Europa, dem Kaukasus und in Kleinasien sowie in den südamerikanischen Anden, ist das Geißblatt als wohlriechende Gartenpflanze sehr beliebt.
Beschreibung: Der sich windende Kletterstrauch kann bis 2 m hoch werden, mit Kletterhilfe sogar bis 6 m. Die grünen, elliptischen Blätter sind gegenständig angeordnet. Die Blütenköpfe können aus bis zu 12 trompetenförmigen Blüten bestehen, die gelblich, weißlich bis hin ins Rötliche erblühen. Sie verströmen einen süßlichen, wohlriechenden, sehr außergewöhnlichen Duft. Die Beeren sind erbsengroß und rot.
Verwertbare Teile: Keine.
Giftige Pflanzenteile: Beeren.
Toxische Substanzen: Saponine, cyanogene Glykoside, die Alkaloide Xylostein und Xylostosidin, Flavonoide, phenolische Verbindungen.
Vergiftungserscheinungen: Übelkeit mit Erbrechen, Krämpfen, Durchfällen, Fieber und zum Schluss Atemlähmung.
Erste Hilfe: Behandlung der Symptome, unter Umständen den Tierarzt aufsuchen.
Besonderheiten: Die Beeren dienen den einheimischen Vögeln als Winterfutter.

Vorsicht

Auch wenn die anderen Pflanzenteile nicht als giftig anzusehen sind, handelt es sich nicht um eine Futterpflanze.

als Futter gut | als Futter gut | weder giftig noch nutzbar | als Futter gut

Hainbuche

Carpinus betulus

Andere Bezeichnungen: Weißbuche, Hagebuche
Vorkommen: Das ursprüngliche Refugium der Hainbuche aus der Familie der Birkengewächse lag wohl in Südeuropa und dem Kaukasus, mittlerweile ist sie in ganz Mitteleuropa verbreitet. Die Hainbuche kann ein Alter von bis zu 150 Jahren erreichen und bevorzugt nährstoffreiche Standorte.
Beschreibung: Der sommergrüne, laubabwerfende Laubbaum erreicht eine Wuchshöhe bis zu 25 m, im Kaukasus sogar bis zu 35 m, und bildet eine mächtige, breit-ovale Krone aus. Der Stamm ist häufig krumm, die wechselständigen Blätter sind eiförmig mit gesägtem Rand und am Ende zugespitzt. Die männlichen Blütenstände erscheinen als vielblütige, gelbgrüne, hängende Kätzchen, die weiblichen dagegen sind unscheinbar. Die Früchte zeigen sich als kleine, einsamige Flügelnüsse. Die Herbstfärbung des Baumes ist ein leuchtendes Gelb.
Verwertbare Teile: Blätter, Äste und Samen.
Inhaltsstoffe: Über Inhaltsstoffe ist nichts bekannt.
Giftige Pflanzenteile: Keine.
Besonderheiten: Die Äste der Hainbuche eignen sich gut als Klettermöglichkeit und zum Knabbern für Vögel und Nagetiere. Auch die Samen werden gerne von den Vögeln genommen.

stark giftig | stark giftig | stark giftig | stark giftig

Hanf

Cannabis sativa

Andere Bezeichnungen: Marihuana, Haschisch, Gras, Bästling, Mäsch
Vorkommen: Im Iran und Indien beheimatet, die bei uns illegale Kulturpflanze ist Drogenlieferant und Nutzpflanze (Fasern) zugleich.
Beschreibung: Die einjährige Pflanze wird bis 5 m hoch. Der Stängel ist aufrecht und wenig verzweigt, die Blätter sind 5- bis 7-zählig, handförmig mit gesägtem Rand. Die männlichen und weiblichen Blüten wachsen auf unterschiedlichen Pflanzen, die männlichen lose als Rispen, die weiblichen als Trauben.
Verwertbare Teile: Samen als Vogelfutter, vor allem für Kanarien, wobei es sich dabei meist um sterilisierten Samen handelt, der sehr wenig des psychoaktiven Wirkstoffs THC (Tetrahydrocannabinol) enthält und somit keine berauschende Wirkung hat.
Giftige Pflanzenteile: Harz der weiblichen Pflanze, getrocknete weibliche Blütenstände, Blätter.
Toxische Substanzen: Cannabinoide, darunter das Tetrahydrocannabinol.
Vergiftungserscheinungen: Depression des Zentralen Nervensystems, halluzinogene Wirkung, Übelkeit mit Erbrechen, Reizhusten, Dämmerzustand oder auch Übererregbarkeit, Zittern, Lautäußerung, Atemnot, Koma mit Todesfolge.
Erste Hilfe: Behandlung der Symptome, Medizinalkohle, unter Umständen den Tierarzt aufsuchen.

Vorsicht

Es ist für Tiere kein „Spaß“, wenn ihnen der Rauch von Haschisch in die Nase geblasen wird.

schwach giftig | schwach giftig | schwach giftig | schwach giftig

Hartriegel, Blutroter

Cornus sanguinea

Andere Bezeichnungen: Schietbeere, Totentraube, Hornstrauch, Hundsbeerenstrauch
Vorkommen: In Europa und dem Mittelmeerraum beheimatet, bevorzugt der Strauch lehmige, steinige, nährstoffreiche Böden.
Beschreibung: Die charakteristisch rötlichen bis roten Zweige des blutroten Hartriegels wachsen bis zu einer Höhe von 3 bis 5 m. Die Blätter sind eiförmig und ganzrandig, die Blüten sind weiß, klein und wachsen in Doldenrispen.
Verwertbare Teile: Beeren, allerdings nur für den Menschen, zu Marmelade gekocht.
Inhaltsstoffe: Die Früchte enthalten Anthocyane, Kalziummalonat und Kalziumcarbonat, die Blüten Flavonoide, Phenolglykoside, Iridoide und Gerbstoffe.
Giftige Pflanzenteile: Rinde, Wurzeln und Blätter, die rohen Früchte sind zwar nicht giftig, aber ungenießbar und daher als Futter nicht geeignet.
Toxische Substanzen: Cornin in der Rinde, den Blättern und den Wurzeln.
Vergiftungserscheinungen: Leichte Gastritis mit Übelkeit und Erbrechen. Gelegentlich finden sich mechanische Reizungen durch das Kalziumcarbonat, dass in den warzigen Haaren steckt.
Erste Hilfe: Behandlung der Symptome, Flüssigkeitsgabe, bei stärkeren Beschwerden den Tierarzt aufsuchen.
Besonderheiten: Die Früchte sind ein beliebtes Vogelfutter der Wildvögel, die offensichtlich eine hohe Toleranz gegenüber den Toxinen haben.

 *stark giftig*  *stark giftig*  *stark giftig*  *giftig*

Heckenkirsche, Gemeine

Lonicera xylosteum

Andere Bezeichnungen: Rote Heckenkirsche, Gemeines Geißblatt, Hundskirsche
Vorkommen: Beheimatet in Europa und Nordasien in Laubwäldern, wird dieses Geißblattgewächs auch gerne in Parkanlagen angepflanzt.
Beschreibung: Der sommergrüne Strauch hat hohle Äste und erreicht eine Wuchshöhe von 1 bis 3 m. Die eiförmigen, ganzrandigen Blätter sind beidseitig weich behaart. Die gelblichen Einzelblüten stehen paarig an einem Stiel. Die Beerenfrüchte sind auffallend rot.
Verwertbare Teile: Keine.
Giftige Pflanzenteile: Beeren.
Toxische Substanzen: Bitterstoff Xylostein, Saponin, Spuren von Alkaloiden und cyanogenen Glykosiden.
Vergiftungserscheinungen: Übelkeit mit Erbrechen und Durchfall, Apathie, Störung des Herz-Kreislaufsystems, Atem- und Gleichgewichtsstörungen.
Erste Hilfe: Behandlung der Symptome, Medizinalkohle, unter Umständen den Tierarzt aufsuchen.
Besonderheiten: Die Giftintensität der einzelnen Pflanzen ist schwankend. Einerseits führte der Genuss von nur 5 frischen Beeren beim Kaninchen zum Tod, andererseits zeigten andere Kaninchen nur leichte Vergiftungserscheinungen.

Vorsicht

Obwohl unsere einheimischen Vogelarten offensichtlich auch die Heckenkirschen fressen und vertragen, ist von einer Fütterung aus Sicherheitsgründen abzuraten.

schwach giftig | schwach giftig | schwach giftig | schwach giftig

Hortensie

Hydrangea macrophylla

Vorkommen: Die Wildform stammt aus Japan, in unseren Gefilden auf Grund der attraktiven schirmförmigen Blütenstände eine beliebte Garten- oder Kübelpflanze.
Beschreibung: Wächst als laubabwerfender Strauch, selten als kleiner Baum bis zu einer Höhe von 2 m. Die gegenständigen Blätter sind eiförmig mit ausgeprägter Spitze und werden bis 15 cm lang, der Blattrand ist scharf gezähnt. Die äußeren, sterilen Blüten bestehen aus vier 1 bis 2 cm großen Kelchblättern in den Farben weiß, rötlich oder bläulich, abhängig von der Bodenbeschaffenheit. Die fruchtbaren Blüten haben nur einen kleinen, glockenförmigen Kelch.
Verwertbare Teile: Keine.
Giftige Pflanzenteile: Alle.
Toxische Substanzen: Isocumarinderivat Hydrangenol, cyanogene Glykoside.
Vergiftungserscheinungen: Leichte Gastritis ist möglich, Kontaktallergie durch Hydrangenol.
Erste Hilfe: Behandlung der Symptome, die Tiere sollten jedoch unter Beobachtung bleiben. Bei länger anhaltenden Beschwerden den Tierarzt aufsuchen.
Besonderheiten: Die Hortensie ist nur in ganz geringem Maße giftig und gilt daher als unbedenklich.

Vorsicht

Keinesfalls als Futterpflanze geeignet. Sie ist nur als unbedenklich zu betrachten, wenn Tiere die Pflanze versehentlich anknabbern.

stark giftig | stark giftig | stark giftig | stark giftig

Hyazinthe

Hyacinthus orientalis

Vorkommen: Ursprünglich im östlichen Mittelmeergebiet beheimatet, ist die Zuchtform dieses Zwiebelgewächses im Handel aber weit verbreitet.
Beschreibung: Die ausdauernde, krautige Pflanze hat glänzende, längliche, schmale Blätter, die gleichzeitig mit dem Blütenstand austreiben. Der Blütenstand ist aufrecht stehend, mit sternartigen Blüten, die in dichten, weißen, gelben, rosafarbenen oder blauen Trauben angeordnet sind. Ihr Duft ist betörend. Die Pflanze bildet kaum Früchte aus.
Verwertbare Teile: Keine.
Giftige Pflanzenteile: Alle.
Toxische Substanzen: Salicylsäure in den Blättern und Blütenstielen, Kalziumoxalat in den Zwiebeln, Saponine ebenfalls in den Zwiebeln und den Samen.
Vergiftungserscheinungen: Übelkeit, Erbrechen, Durchfall, Magen-Darm-Krämpfe, bei Hautkontakt mit der Zwiebel allergische Hautreaktionen.
Erste Hilfe: Behandlung der Symptome, Abwaschen der betroffenen Hautstellen, Flüssigkeitsaufnahme. Unter Umständen einen Tierarzt aufsuchen.

Vorsicht

Besonders gefährdet sind Hunde, die Zwiebeln ausgraben, damit spielen und darauf herumbeißen sowie Katzen, die die Blätter anknabbern.

weder giftig noch nutzbar | weder giftig noch nutzbar | weder giftig noch nutzbar | weder giftig noch nutzbar

Jasmin, Echter

Jasminum officinale

Vorkommen: Dieses Ölbaumgewächs stammt aus Südeuropa und Vorderasien und ist zu einer weit verbreiteten Garten-, Balkon- und Kübelpflanze geworden. Die Blüten liefern einen sehr wertvollen Duftstoff für die Parfümherstellung.
Beschreibung: Der immergrüne, anspruchslose Strauch kann eine Höhe bis zu 10 m erreichen und bildet lange, dünne Triebe aus. Seine hellgrünen, feinen Blätter sind glänzend, die sternförmigen, weißen Blüten sitzen in lockeren Dolden zusammen und sehen nicht nur attraktiv aus, sondern duften auch köstlich.
Verwertbare Teile: Keine.
Giftige Pflanzenteile: Alle.
Toxische Substanzen: Es finden sich keine Angaben in der Literatur.
Vergiftungserscheinungen: Keine Angaben verfügbar.
Erste Hilfe: Mit einer leichten Gastritis kann gerechnet werden, daher entsprechend der Symptome behandeln.
Besonderheiten: Wird als unproblematische, leicht giftige Pflanze angesehen, die jedoch bei Genuss kaum Vergiftungserscheinungen hervorbringt. Der Jasmin ist keinesfalls als Futterpflanze geeignet.

Vorsicht

Der Gelbe Jasmin (*Gelsemium sempervirens*) ist auf Grund seiner Indolalkaloide, unter anderem Gelsemin, stark giftig. Er ist nicht mit dem Echten Jasmin verwandt, sondern heißt nur so wegen seines ähnlichen Duftes.

stark giftig | stark giftig | stark giftig | stark giftig

Kartoffel

Solanum tuberosum

Andere Bezeichnungen: Erdapfel, Grumbeere, Grundbirne
Vorkommen: In Südamerika beheimatet, wird das Nachtschattengewächs in vielen Sorten fast weltweit kultiviert.
Beschreibung: Ausdauernde, krautige Pflanze, stark verästelt mit einer Wuchshöhe von 40 cm bis 1 m. Die eigentlichen Kartoffeln sind die Sprossknollen an den unterirdischen Ausläufern. Die Stängel sind fleischig mit unpaarig gefiederten Blättern. Die Blüten stehen in trugdoldenförmigen Blütenständen, der Blütenkelch ist glockenförmig, die Kronblätter sind weiß bis blau. Die Frucht ist eine kugelige, fleischige und kirschgroße Beere mit vielen Samen.
Verwertbare Teile: Keine.
Giftige Pflanzenteile: Beeren, Keime, Keimlinge, unreife, grüne Knolle und alle oberirdischen Teile.
Toxische Substanzen: Steroidalkaloide, darunter Solanin in den Beeren, im Kraut und in der grünen und keimenden Knolle. Zudem Cholin und Acetylcholin.
Vergiftungserscheinungen: Störungen des Magen-Darm-Trakts mit Übelkeit, Erbrechen und Durchfall. Krämpfe, Benommenheit, Schwäche, Schwindel, Lähmungen, Schock, Fieber, unter Umständen Tod durch Atemlähmung.
Erste Hilfe: Behandlung der Symptome, Medizinalkohle, den Tierarzt aufsuchen.

Vorsicht

Solanin wird nicht durch Trocknen oder Kochen, sondern nur durch den Silierungsprozess abgebaut.

als Futter geeignet | nicht nutzbar | als Futter geeignet | nicht nutzbar

Katzenminze, Echte

Nepeta cataria

Vorkommen: Die Heimat der Katzenminze ist Südeuropa, Asien und Afrika.
Beschreibung: Die mehrjährige, krautige Pflanze wird bis 1 m hoch, hat 4-kantige, innen hohle, leicht behaarte Stängel und ei- bis herzförmige gestielte, gezahnte Blätter. Die Blüten sind weiß bis blasslila, in Scheinquirlen angeordnet, mit ährenähnlichen Blütenständen.
Verwertbare Teile: Blätter und Blüten.
Erntezeit: Ganze Wachstumsperiode.
Inhaltsstoffe: Citral, Citronellol, Geraniol, Limonen, Nepetalacton, Gerb- und Bitterstoffe, Acitinidin, Phenole.
Giftige Pflanzenteile: Alle Teile sind ganz schwach giftig.
Toxische Substanzen: Das Iridoid Nepetalacton.
Vergiftungserscheinungen: Berauschende und halluzinogene Wirkung, gerade Katzen, aber auch Mäuse reagieren darauf.
Erste Hilfe: Behandlung der Symptome, die jedoch nach wenigen Minuten von allein verschwinden.
Besonderheiten: Actinidin, ein Glykosid, das dem Wirkstoff des Baldrian ähnelt. Im Übrigen vertreibt Katzenminzeöl Stechmücken! Über das Verfüttern von Katzenminze an Reptilien und Vögel gibt es keine gesicherten Erkenntnisse.

Vorsicht

Für Katzen ist die Pflanze eher als anregendes „Leckerli“, Spielzeug- oder Futterzusatz in geringen Mengen zu sehen. In den USA wurden Vergiftungen zweier Katzen bekannt, die vermutlich zu viel davon abbekommen haben.

als Futter sehr gut | schwach giftig nicht nutzbar | schwach giftig nicht nutzbar | schwach giftig nicht nutzbar

Kohl, Markstamm-

Brassica oleracea var. *medullosa*

Andere Bezeichnung: Futterkohl
Vorkommen: Eine Kulturvarietät des Gemüsekohls.
Beschreibung: Einjähriger, dickstrunkiger Blätterkohl mit sich verdichtenden Sprossachsen. Die Pflanze erreicht eine Wuchshöhe bis zu 2 m und ist sehr frosthart. Der Blattrand ist wellig, im Blütenstand zeigt die Pflanze gelbe Blüten.
Verwertbare Teile: Blätter und Stämme.
Erntezeit: Ab Spätherbst.
Inhaltsstoffe: Karotin, viel Eiweiß,
Giftige Pflanzenteile: Alle.
Toxische Substanzen: Senfölglykoside.
Vergiftungserscheinungen: Reizung des Magen-Darm-Trakts mit Krämpfen und Durchfall.
Erste Hilfe: Behandlung der Symptome, der Tierarzt muss allerdings nur selten aufgesucht werden.
Besonderheiten: Eiweißreiches Grünfutter, vor allem für Nagetiere. Auch die Stämme können gelegentlich verfüttert werden. Für Reptilien und Vögel gibt es keine stichhaltigen Angaben zur Verträglichkeit. Senfölglykoside sind sekundäre Pflanzenstoffe zur Abwehr von Tierfraß. Nach neuesten Erkenntnissen beugen diese Stoffe Infektionen vor und unterstützen die Krebsvorbeugung.

Vorsicht

Unter bestimmten Bedingungen können Senfölglykoside auch Thiocyanate bilden, die in hoher Konzentration zur Kropfbildung bei Tier und Mensch führen können.

stark giftig | stark giftig | stark giftig | stark giftig

Korallenbaum

Erythrina crista-galli

Andere Bezeichnungen: Korallenstrauch, Korallenkirsche, Hahnenkamm
Vorkommen: Beheimatet in den Tropen, vor allem in Brasilien, Bolivien, Paraguay, Argentinien und dem südlichen Afrika, Indien und Indonesien, ist der Korallenbaum auch bei uns eine dekorative Zierpflanze.
Beschreibung: Wächst als buschiger Strauch mit kurzen, dicken Stämmen bis zu einer Höhe von 1 m. Die Blätter sind 3-zählig, die Einzelblüten stehen in langen, abstehenden oder aufrechten Trauben, sind fleischig und haben, wie die Samen, eine leuchtend rote Farbe. Die Pflanze ist stark bedornt.
Giftige Pflanzenteile: Die gesamte Pflanze, besonders die Samen.
Toxische Substanzen: Die Hauptwirkstoffe sind Isochinolin-Alkaloide, wie Erythralin, Erythramin, Erythratin und viele andere.
Vergiftungserscheinungen: Ähnliche Wirkung wie das Pfeilgift Curare, also starker Blutdruckanstieg, Heiterkeit, Schwanken, Hautrötungen, Erhöhung der Körpertemperatur beim Menschen, Bewusstseinsstörungen. Der Tod kann nach zwei bis drei Tagen eintreten, die tödliche Dosis ist nicht bekannt.
Erste Hilfe: Behandlung der Symptome, unbedingt den Tierarzt aufsuchen.
Besonderheiten: Die auch als Korallenbaum oder -strauch bezeichnete, als Zimmerpflanze bekannte *Solanum pseudocapsicum* ist ebenfalls giftig, jedoch nicht in dem Maße wie *Erythrina crista-galli*.

stark giftig | stark giftig | stark giftig | stark giftig

Krokus

Crocus spec.

Vorkommen: Die ursprüngliche Heimat ist der Orient und der Mittelmeerraum, mittlerweile sind die Pflanzen als Krokus-Hybriden in allen gemäßigten Breiten in Gärten und Parks zu finden.

Beschreibung: Dieses Schwertliliengewächs treibt im zeitigen Frühjahr seine becherförmigen Blüten aus der rundlichen Zwiebelknolle. Sie ist in vielen Farbtönen, von Violett über Gelb bis hin zu Weiß im Handel. Die wenigen grundständigen Laubblätter sind lang, schmal und dunkelgrün mit weißlichem Mittelnerv, der Blattrand ist glatt. Es werden Kapselfrüchte ausgebildet, die viele Samen enthalten.

Verwertbare Teile: Keine.

Giftige Pflanzenteile: Alle.

Toxische Substanzen: Der Farbstoff Crocin, wie auch das geruchlose, bittere Picrocrocin, das sogenannte Safranbitter, ätherische Öle mit Safranal. In den Wurzeln Steroidsaponine.

Vergiftungserscheinungen: Pulsbeschleunigung, Schwindel, Delirium, Störungen des Magen-Darm-Trakts mit Übelkeit und Erbrechen.

Erste Hilfe: Behandlung der Symptome, Flüssigkeitszufuhr, Medizinalkohle, den Tierarzt aufsuchen.

Besonderheiten: Vergleiche auch Safran.

Vorsicht

Die letale Dosis liegt für den Menschen bei 20 g der getrockneten Narbenschenkel. Auf Grund des kleineren Organismus der meisten Tiere ist die Dosis entsprechend niedriger.

als Futter geeignet | als Futter geeignet | weder giftig noch nutzbar | als Futter geeignet

Lavendel, Echter

Lavandula angustifolia

Vorkommen: In Südeuropa beheimatet, ist die Pflanze aus der Familie der Lippenblütler eine beliebte Garten- und Kübelpflanze, die bevorzugt auf lockeren, sandigen Boden wächst.
Beschreibung: Der graufilzig behaarte, aromatisch duftende Halb- oder Zwergstrauch kann eine Wuchshöhe von 1 m erreichen und hat stark verzweigte, aufrecht wachsende Zweige, die zum Verholzen neigen. Die graugrünen, nadelförmigen Blätter sind gegenständig angeordnet und rollen sich am Rande leicht ein, die Unterseite ist weißlich behaart und mit Öldrüsen versetzt. Die zartvioletten Blüten sitzen auf langen, blattlosen Stängeln und sind in Scheinquirlen angeordnet, sie duften wunderbar. Die Früchte sind glänzende braune Nüsschen.

Verwertbare Teile: Blüten und Blätter.
Erntezeit: Ab Mai bis September.
Inhaltsstoffe: Ätherische Öle, Gerbstoff, Glykoside, Saponin, Sterole, Cumarine, Harze, insgesamt wurden über 160 Bestandteile gefunden!
Giftige Pflanzenteile: Keine.
Besonderheiten: In Maßen wegen der ätherischen Öle, frisch oder getrocknet, kann Lavendel an Nagetiere, manche Reptilien und Vögel als Leckerbissen verfüttert werden.

Vorsicht

Lavendel hat eine beruhigende, antiseptische und krampflösende Wirkung und ist daher mehr ein Heilmittel als eine Futterpflanze.

giftig | giftig | giftig | schwach giftig

Liguster, Gewöhnlicher

Ligustrum vulgare

Andere Bezeichnungen: Rainweide, Tintenbeere, Zaunweide
Vorkommen: Die Pflanze aus der Familie der Ölbaumgewächse ist in Europa, Asien und Australien beheimatet, oft als Heckenpflanze.
Beschreibung: Ein ausdauernder, stark verzweigter Strauch mit einer Wuchshöhe bis zu 5 m. Die Blätter sind kurzstielig, gegenständig, ganzrandig und länglich dunkelgrün. Die Blüten sind klein und weiß und riechen streng, später erscheinen die kugeligen, glänzend schwarzen Beeren.
Verwertbare Teile: Keine.
Giftige Pflanzenteile: Rinde, Blätter, Beeren.
Toxische Substanzen: Die Seco-Iridoid-Bitterstoffe Ligustrosid und Oleuropein, Gerbstoffe.
Vergiftungserscheinungen: Berührung mit Blättern oder Rinde kann Hautreizungen hervorrufen (Ligusterekzeme), Reizungen des Magen-Darm-Trakts mit Übelkeit, Erbrechen, Krämpfe und Durchfall, Kreislauflähmung, Taumeln, je nach Tierart auch hyperämische Schleimhäute, Hinterhandlähmung, Nasenausfluss.
Erste Hilfe: Behandlung der Symptome, Medizinalkohle, den Tierarzt aufsuchen.
Besonderheiten: Die Beeren schmecken unangenehm bitter und daher sind Vergiftungen selten. Vögel scheinen die Beeren jedoch laut H. Schnabel (Vogelfutterpflanzen) gut zu vertragen.

als Futter gut | weder giftig noch nutzbar | weder giftig noch nutzbar | als Futter gut

Linde, Sommer-

Tilia platyphyllos

Andere Bezeichnung: Großblättrige Linde
Vorkommen: Dieser in Europa heimische Baum wächst gerne auf nährstoffreichen, feuchten Böden in Berg- und Schluchtwäldern.
Beschreibung: Sommergrüner Laubbaum mit einer Wuchshöhe bis zu 40 m mit breiter, eiförmiger Krone und glatter, grauer Borke. Die wechselständigen Blätter sind blassgelb und herzförmig, die Blüten zwittrig und hellgelb. Die filzige Frucht zeigt sich deutlich 5-kantig mit verholzter Schale.
Verwertbare Teile: Blüten und Blütenknospen, Samen und Blätter.
Erntezeit: Die Blätter während der ganzen Wachstumsperiode, am Besten im Frühling, die Blüten im Juni und die Samen im Juli und August.
Inhaltsstoffe: Die Blüten enthalten Flavonoide, Schleimstoffe, ätherische Öle und Gerbstoffe.
Giftige Pflanzenteile: Keine.
Besonderheiten: Die Äste der Sommerlinde sind hervorragende Kletteräste für Vögel, die auch gerne die Samen nehmen. Auch die Nagetiere dürfen ab und zu an einem Ast nagen. Gesicherte Erkenntnisse über das Verfüttern von Lindenblättern oder Blüten an Reptilien scheint es nicht zu geben. Ein Aufguss von Lindenblüten kann bei Erkältungskrankheiten und hartnäckigem Husten gegeben werden.

Vorsicht

Lindenblätter wirken harntreibend, daher nur in geringen Maßen füttern.

weder giftig noch nutzbar | *weder giftig noch nutzbar* | *weder giftig noch nutzbar* | *weder giftig noch nutzbar*

Löwenmaul, Großes

Antirrhinum majus

Vorkommen: Ursprünglich aus Südafrika stammend, ist dieses Rachenblütlergewächs mittlerweile in den Mittelmeergebieten bis hin nach Nordwest-Afrika beheimatet. Das Garten-Löwenmaul ist auch bei uns eine beliebte Zierpflanze für Balkon und Freiland. Ihrer schönen Blüten wegen wird sie auch gerne in Sommerblumensträußen verwendet.

Beschreibung: Aufrechte, horstbildende, ausdauernde Staude mit einer Wuchshöhe von 60 cm bis 1,20 m, meist einjährig kultiviert. Die gegenständigen Blätter sind länglich, spitz, ganzrandig und immer grün. Die Blüten wachsen röhrenförmig, rachenähnlich, daher auch der Name. Sie sind 2-lippig und 2 bis 4 cm groß und in vielen Rot- und Gelbtönen im Handel. Meist wachsen bis zu 30 kurzgestielte Blüten zu einem Blütenstand zusammen. Es bildet sich eine große Kapselfrucht aus, die den Samen durch Porenöffnungen entlässt.

Verwertbare Teile: Keine.

Giftige Pflanzenteile: Keine.

Toxische Substanzen: Keine.

Besonderheiten: Auch wenn in der Literatur keine Angaben zur Giftigkeit des Löwenmauls gemacht werden, so handelt es sich keinesfalls um eine Futterpflanze. Es kann lediglich davon ausgegangen werden, dass der versehentliche Genuss der Pflanze keine Beschwerden hervorruft.

stark giftig | stark giftig | stark giftig | stark giftig

Maiglöckchen

Convallaria majalis

Andere Bezeichnungen: Maiblume, Maischelle, Marienglöckchen, Tal-Lilie, Jungfernschön
Vorkommen: In Mitteleuropa beheimatet, gerne auch in Gärten als Zierpflanze, wächst das Maiglöckchen bevorzugt in lichten Wäldern.
Beschreibung: Ausdauernde Pflanze mit einer Wuchshöhe von 15 bis 25 cm. Die zwei grundständigen Blätter sind zunächst tütenförmig eingerollt, dann lanzettlich mit glattem Rand. Die weißen Blüten hängen einseitig traubig an einem laublosen Stängel. Die Früchte sind kugelig, erbsengroß und rot.
Verwertbare Teile: Keine.
Giftige Pflanzenteile: Alle, besonders Blüten und Früchte.
Toxische Substanzen: Etwa 40 herzwirksame Steroidglykoside, hauptsächlich Convallatoxin, sowie Steroidsaponine.
Vergiftungserscheinungen: Haut- und Augenreizungen, Übelkeit, Erbrechen und Durchfall durch die Saponine, Herzrhythmusstörungen, Blutdruckanstieg, später Abfall, Kollaps, verlangsamte Atmung, Tod durch Herzstillstand.
Erste Hilfe: Behandlung der Symptome, sofort den Tierarzt aufsuchen!
Besonderheiten: Steht unter Naturschutz!

Vorsicht

Auch das Blumenwasser ist giftig. Besonders Katzen, die gern aus Vasen und Untersetzern trinken, sind stark gefährdet. Verwechslung mit Bärlauch ist möglich, der für Tiere auch giftig ist, aber durch starken Knoblauchgeruch auffällt.

als Futter sehr gut | weder giftig noch nutzbar | weder giftig noch nutzbar | als Futter sehr gut

Mais

Zea mays

Andere Bezeichnungen: Kukuruz, Türken
Vorkommen: Ursprünglich in Mexiko beheimatet, wird dieses Süßgras mittlerweile fast weltweit als Getreide angebaut.
Beschreibung: Der glatte Stängel der einjährigen, kräftigen Pflanze erreicht eine Wuchshöhe von 2,50 m und ist auf ganzer Höhe von Blattscheiden umgeben. Am Stängel entwickeln sich dunkelgrüne, etwa 40 cm lange Blätter, in den Sprossachseln bilden sich Rispen mit männlichen Blüten, die weiblichen finden sich an den Blattansatzstellen und zeigen sich als Kolben mit langen Hüllenblättern. Der kolbenartige Fruchtstand enthält die bekannten Maiskörner, die je nach Sorte weißlich, goldgelb, aber auch schwarzviolett sein können.
Verwertbare Teile: Kolben, reif und unreif, Blätter.
Erntezeit: Juli bis September.
Inhaltsstoffe: Kalium, Kalzium, Phosphor, Eisen, Fluor, Magnesium, Natrium, Kieselsäure, Selen, Vitamin B und E.
Giftige Pflanzenteile: Keine.
Besonderheiten: Da Mais sehr nährstoffreich ist, besteht die Gefahr, dass er die damit gefütterten Tiere schnell dick machen kann, daher nur in Maßen füttern. Besonders für Vögel eignen sich die milchigen, noch unreifen Maiskörner.

Vorsicht

Mais von konventionell bestellten Feldern kann mit Pestiziden behandelt sein, aus diesem Grund lieber auf Mais aus biologischem Anbau ausweichen.

stark giftig | stark giftig | stark giftig | schwach giftig

Mistel

Viscum album

Andere Bezeichnungen: Drudenfuß, Hexenbesen, Donnerbesen
Vorkommen: Das Leinblattgewächs wächst als Halbschmarotzer auf Bäumen, die es über seine Wurzeln anzapft, und ist in Europa, Kleinasien, Südostasien und Australien zu finden.
Beschreibung: Die eiförmigen, immergrünen Blätter sind ledrig und in den Blattachseln sitzen die unscheinbaren, kleinen, gelben Blüten. Die Beeren sind kugelig, klebrig und weiß.
Verwertbare Teile: Keine.
Giftige Pflanzenteile: Alle, ob und wie viel Giftstoffe die Beeren enthalten, ist strittig. Die Giftintensität variiert je nach Wirtspflanze: am giftigsten auf Pappeln, Ahorn, Linden, Walnuss und Robinien.
Toxische Substanzen: Proteingemische, vor allem aber Viscotoxine und Lectine.
Vergiftungserscheinungen: Lokale Reizungen mit Übelkeit, Bauchschmerzen, Erbrechen und unter Umständen blutigem Durchfall, Durst und zentralnervöse Störungen mit Muskelzucken. Todesfälle sind selten.
Erste Hilfe: Behandlung der Symptome, Medizinalkohle, unter Umständen den Tierarzt aufsuchen.

Vorsicht

Auch wenn einheimische Vögel die Beeren offensichtlich problemlos vertragen, ist die Mistel keine Futterpflanze. Die Entscheidung, seinen Vögeln die Beeren zu füttern, bleibt dem Halter überlassen!

stark giftig | stark giftig | stark giftig | stark giftig

Narzisse, Gelbe

Narcissus pseudonarcissus

Andere Bezeichnung: Osterglocke
Vorkommen: In Europa als seltene Wildpflanze, jedoch häufig als Kulturpflanze in Gärten und Parkanlagen zu finden. Besonders um Ostern werden die Narzissen als Frühlingsdekoration für die Wohnung angeboten.
Beschreibung: Das Amaryllisgewächs ist eine mehrjährige, krautige Pflanze mit einer Wuchshöhe von etwa 40 cm. Auf dem blattlosen Stängel sitzt einzeln die gelbe oder gelbweiße, auffällige Blüte. Die Blätter sind grundständig, schmal, riemenförmig und etwa so lang wie die Pflanze hoch ist.
Verwertbare Teile: Keine.
Giftige Pflanzenteile: Alle, besonders aber die Zwiebel.
Toxische Substanzen: Das Alkaloid Lycorin (Narcissin), Galanthamin und Oxalate.
Vergiftungserscheinungen: Reizungen des Magen-Darm-Trakts mit Übelkeit, Erbrechen und Durchfall, Schweißausbrüche, Krämpfe, unter Umständen Lähmungserscheinungen, Schock und Tod. Äußerlich kann der Pflanzensaft Hautreizungen hervorrufen (Narzissendermatitis).
Erste Hilfe: Behandlung der Symptome, Medizinalkohle, unbedingt den Tierarzt aufsuchen.
Besonderheiten: Die wilde Narzisse ist stark gefährdet und steht daher unter Naturschutz!

Vorsicht

Gefährdet sind Hunde, die Blumenzwiebeln im Garten ausgraben und zerkauen, ebenso Katzen, die an den Blättern der mit Narzissen bepflanzten Frühlingsdekoration nagen.

weder giftig noch nutzbar | weder giftig noch nutzbar | weder giftig noch nutzbar | weder giftig noch nutzbar

Nelken

Dianthus spec.

Andere Bezeichnungen: Bartnelke, Federnelke
Vorkommen: Die Nelke ist die Blume des Zeus. Beheimatet im östlichen Mitteleuropa, ist dieses Nelkengewächs durch die Vielzahl seiner Zuchtformen zur beliebten Zierpflanze in Gärten und Parks geworden. Auch als Schnittblume wird sie häufig verwendet und zeigt sich in den schönsten Farben und Blütenformen, einfach und gefüllt, zum Teil auch mehrfarbig.
Beschreibung: Die mehrjährigen, krautigen Polsterpflanzen mit ihren gegenständigen, linealisch-lanzettlichen, blaugrünen, fedrigen Blättern und den zwittrigen, fünfzähligen Blüten duften wunderbar und haben gefranste, gekerbte oder geschlitzte Blütenblattränder und mitunter haben sie einen Bart (Nebenkrone). Die Kapselfrucht ist gestielt und enthält zwischen 40 und 100 Samen.
Verwertbare Teile: Keine.
Inhaltsstoffe: Unter anderem Toluen und Methylbenzoat.
Giftige Pflanzenteile: Keine.
Toxische Substanzen: Keine.
Besonderheiten: Die Gewürznelke gehört trotz ihres Namens nicht zu dieser Gattung. Sie wird aus den Narbenschenkeln der Blüte eines Baumes gewonnen.

Vorsicht

Auch wenn in den Nelkengewächsen keine toxischen Substanzen nachgewiesen wurden, ist die Nelke nicht als Futterpflanze geeignet. Es gilt lediglich als unbedenklich, wenn Tiere an den Pflanzen geknabbert haben.

stark giftig | stark giftig | stark giftig | stark giftig

Oleander

Nerium oleander

Andere Bezeichnung: Rosenlorbeer
Vorkommen: Im Mittelmeerraum beheimatet, ist der Oleander aus der Familie der Hundsgiftgewächse zur meistverbreiteten Topf- und Kübelpflanze geworden.
Beschreibung: Der immergrüne, verholzte Baum oder Strauch kann eine Wuchshöhe von 1 bis 5 m erreichen. Die immergrünen Blätter sind linealisch bis lanzettlich, ledrig, an den Blattenden zugespitzt und werden 6 bis 10 cm lang. Sie sind meist zu dritt quirlförmig angeordnet. Die trichterförmigen Einzelblüten sind rosa, selten weiß und stehen zu mehreren in Trugdolden.
Verwertbare Teile: Keine.
Giftige Pflanzenteile: Alle.
Toxische Substanzen: Herzaktive Glykoside wie Oleandrin, Neriosid.
Vergiftungserscheinungen: Reizung des Magen-Darm-Trakts mit Übelkeit, Erbrechen, Durchfall unter Umständen blutig, Schleimhautirritationen, kalte Extremitäten, Unruhe, Muskelzittern, Herzrhythmusstörungen, Kreislaufkollaps, Tod durch Atemlähmung.
Erste Hilfe: Behandlung der Symptome, Medizinalkohle, sofort den Tierarzt aufsuchen.
Besonderheit: Das Gift entspricht in seiner Stärke etwa dem Gift des Fingerhuts (*Digitalis*).

Vorsicht

Auch getrocknet toxisch, sodass Tiere gefährdet sind, die abgefallene Blätter aufnehmen. Selbst das Krallenschärfen von Katzen an Rinde kann zu Vergiftungen führen.

weder giftig noch nutzbar | weder giftig noch nutzbar | weder giftig noch nutzbar | weder giftig noch nutzbar

Petunie

Petunia-Hybriden

Vorkommen: Dieses Nachtschattengewächs stammt vorwiegend aus Südamerika und ist auf Grund der attraktiven Blüte zu einer beliebten Balkon-, Ampel- und Gartenpflanze geworden. Es gibt sie in vielen verschiedenen Zuchtformen, die sich vor allem in Blütengröße und -farbe sowie auch in der Wuchsform voneinander unterscheiden.

Beschreibung: Die einjährige oder ausdauernde, buschige Pflanze wächst aufrecht oder leicht überhängend mit einer Wuchshöhe bis zu 1 m. Die trichter- oder tellerförmige Einzelblüte zeigt sich in allen Rot- und Blautönen, auch mehrfarbig.

Verwertbare Teile: Keine.

Giftige Pflanzenteile: Keine.

Toxische Substanzen: Keine.

Vergiftungserscheinungen: Keine.

Besonderheit: Da Petunien als Nachtschattengewächse mit sehr giftigen Pflanzen, wie Tabak, dem Schwarzen Nachtschatten, aber auch weniger gefährlichen oder sogar solchen mit essbaren Früchten, wie Tomaten oder Andenbeeren, verwandt sind, sollte doch vorsichtig mit ihnen umgegangen werden. Denn das Kraut ist auch bei vielen nutzbaren Nachtschattengewächsen giftig oder unverträglich.

Vorsicht

Auch wenn in den Petunien bisher keine Toxine nachgewiesen wurden, sind sie nicht als Futterpflanzen geeignet. Es kann lediglich als unbedenklich angesehen werden, wenn Tiere an den Pflanzen geknabbert haben.

giftig | schwach giftig | schwach giftig | schwach giftig

Pfingstrose

Paeonia officinalis

Andere Bezeichnungen: Benediktiner Rose, Knopfrose, Kirchenrose, Gichtrose
Vorkommen: Die Pfingstrose hat ihre Heimat ursprünglich im Mittelmeergebiet, in Südeuropa und Kleinasien. Sie fand ihren Weg über die Klostergärten zuerst in die Bauerngärten und ist auf Grund der attraktiven Blüte mittlerweile eine beliebte Gartenblume geworden.
Beschreibung: Die ausdauernde, krautige Pflanze mit einer Wuchshöhe von bis zu 1,20 m hat unverzweigte Stängel. Die Laubblätter sind 2- bis 3-fach gefiedert und dunkelgrün. Die 7 bis 12 cm breiten Einzelblüten sind endständig und finden sich in den Farben Purpur, Rosa und Dunkelrot. Die Balgfrüchte enthalten glänzende, runde, schwarze Samen.
Verwertbare Teile: Keine.
Giftige Pflanzenteile: Alle.
Toxische Substanzen: Anthocyanglykoside wie Paeonin, Flavonoide und Gerbstoffe in den Blüten, in den Wurzeln die Glykoside Paeoniflorin und, nach älteren Angaben, Peregrinin.
Vergiftungserscheinungen: Magen-Darm-Beschwerden mit Erbrechen und Durchfall und oft heftigen Koliken.
Erste Hilfe: Behandlung der Symptome, Medizinalkohle, unter Umständen den Tierarzt aufsuchen.

Vorsicht

Vor allem Meerschweinchen scheinen besonders sensibel auf Vergiftungen durch Pfingstrosen zu reagieren.

giftig

giftig
als Futter gut

giftig

giftig
als Futter geeignet

Pfirsich

Prunus persica

Vorkommen: Das Ursprungsland ist China, das Rosengewächs wurde aber schon vor mehr als 1000 Jahren im Mittelmeerraum kultiviert.
Beschreibung: Der Pfirsichbaum wird bis zu 8 m hoch und entwickelt im zeitigen Frühjahr rosarote Blüten, noch bevor die länglichen Blätter sprießen. Die fleischigen Früchte sind mit samtigem Flaum bedeckt.
Verwertbare Teile: Frucht ohne Stein.
Erntezeit: Hauptsaison von Juli bis September, im Handel allerdings fast ganzjährig verfügbar.
Inhaltsstoffe: Kalium, Kalzium, Magnesium und Vitamin C.
Giftige Pflanzenteile: Blätter und Rinde, aber besonders die Samen in den Früchten.
Toxische Substanzen: Blausäure abspaltendes Amygdalin, auch die Laubblätter enthalten ein verwandtes Blausäureglykosid.
Vergiftungserscheinungen: Schleimhautreizung, Unruhe, Zittern, Krämpfe, schwacher Puls, Bewusstlosigkeit, Herzstillstand mit Todesfolge.
Erste Hilfe: Behandlung der Symptome, den Tierarzt aufsuchen.
Besonderheit: Da die Pfirsichfrüchte viel Zucker enthalten, sollten sie nur in kleinen Mengen verfüttert werden.

Vorsicht

Die konventionell angebauten Pfirsiche könnten zudem schadstoffbelastet sein, daher auf Bioprodukte oder Eigenanbau ausweichen.

stark giftig | *stark giftig* | *stark giftig* | *stark giftig*

Rhabarber

Rheum rhabarbarum

Vorkommen: Aus China kam der Rhabarber über Russland nach Europa, wo er als Gemüsepflanze angebaut wird.
Beschreibung: Dieses Knöterichgewächs wird bis 3 m hoch, der Stiel ist kantig, dick, saftig und rötlich gefärbt. Die Blätter sind riesig und rot geädert. Die Blattstängel sind das eigentliche Stielgemüse.
Verwertbare Teile: Für Tiere keine.
Erntezeit: April bis Mai. Der Gehalt an Oxalsäure steigt mit dem Reifegrad, daher sollte Rhabarber im Sommer nicht mehr geerntet werden.
Inhaltsstoffe: Neben den toxischen Substanzen auch Kohlenhydrate, Proteine, viel Vitamin K, Kalzium und Kalium.
Giftige Pflanzenteile: Alle, vor allem die Blätter.
Toxische Substanzen: Oxalsäure, Anthrachinonglycoside, Tannin.
Vergiftungserscheinungen: Lokale Reizungen durch Oxalsäure, die in hoher Kozentration giftig ist. Die wasserlöslichen Kalium-, Natrium- und Ammoniumsalze wirken ätzend, was auf die Magen- und Darmschleimhaut eine Reizwirkung ausübt. In leichten Fällen kann es zu Nierenschädigungen kommen, in schweren kann die Aufnahme des Kalziums im Körper negativ beeinträchtigt werden. Außerdem zeigen einige Tiere Schwäche oder auch Schaum vor dem Mund.
Erste Hilfe: Behandlung der Symptome, in schweren Fällen den Tierarzt aufsuchen.
Besonderheiten: Blanchieren kann einen Teil der Säure entfernen.

stark giftig | stark giftig | stark giftig | stark giftig

Rittersporn

Delphinium elatum

Andere Bezeichnungen: Stefanskraut, Stephanskorn
Vorkommen: In unseren Breiten eine der beliebtesten Gartenstauden überhaupt, ist dieses Hahnenfußgewächs in den Alpengebieten, den Pyrenäen und Nordasien beheimatet.
Beschreibung: Die ausdauernde 60 cm bis 1,50 m hohe Staude weist handförmig gelappte Blätter auf. Die Blütenstände sind traubenartig, gespornt und kelchartig geformt. Die Wildfarbe ist stahlblau, es gibt jedoch Hybriden mit variierenden Farbtönen von weiß über rosa bis rot und violett.
Verwertbare Teile: Keine.
Giftige Pflanzenteile: Alle, besonders die Samen.
Toxische Substanzen: Alkaloide, Methylaconitin, Delphelin, Delatin, Elatine, Eldelin, Delsin und viele andere toxische Substanzen.
Vergiftungserscheinungen: Hautreizungen, Reizungen des Magen-Darm-Trakts mit Erbrechen und Durchfall, Speichelfluss, Muskelzuckungen, Bewegungsstörungen, Benommenheit, Blutdruckabfall, letztendlich Tod durch Atemstillstand. Elatin wirkt ähnlich wie das Pfeilgift Curare.
Erste Hilfe: Behandlung der Symptome, Abwaschen der betroffenen Hautstellen, Medizinalkohle, sofort den Tierarzt aufsuchen.
Besonderheiten: Bei Mäusen liegt die letale Dosis bei 7,5 mg pro kg Körpergewicht.

stark giftig | stark giftig | stark giftig | stark giftig

Robinie

Robinia pseudoacacia

Andere Bezeichnungen: Falsche Akazie, Unechter Akazienbaum, Scheinakazie, Wunderbaum, Heuschreckenbaum, Erbsenbaum
Vorkommen: Ursprünglich aus Nordamerika und Mexiko, wird die Robinie fast weltweit kultiviert.
Beschreibung: Sommergrüner Baum mit schirmartiger Krone und einer Höhe von 10 bis 25 m. Die graubraune Borke ist tief gefurcht, am Stielansatz der Blätter sitzen 2 Dornen, die Blätter sind wechselständig und unpaarig gefiedert, die Blüten weiß und hängen in 10 bis 20 cm langen Trauben. Die dunkelbraunen Hülsenfrüchte enthalten bis zu 12 rotbraune Samen.
Verwertbare Teile: Keine.
Giftige Pflanzenteile: Alle, besonders Rinde und Früchte.
Toxische Substanzen: Die Toxalbumine Robin und Phasin, das Glykosid Robinin.
Vergiftungserscheinungen: Reizung des Magen-Darm-Trakts mit Übelkeit und Erbrechen und Reduzierung der Darmmotorik, Störung des Zentralen Nervensystems mit Schwindel, Schläfrigkeit, Herzfrequenzstörungen, Kollaps, Krampfanfälle, je nach Tierart gelbe Schleimhäute, Harndrang, auch Blindheit.
Erste Hilfe: Behandlung der Symptome, Medizinalkohle, sofort den Tierarzt aufsuchen.

Vorsicht

Besonders gefährdet sind Tiere, auch Pferde, die auf Holzeinstreu mit Robinie gehalten werden sowie Hunde, die beim Spielen auf einem Ast herumkauen.

als Futter geeignet | als Futter geeignet | weder giftig noch nutzbar | als Futter geeignet

Rose

Rosa spec.

Vorkommen: Der Ursprung der Rose liegt in Mittel-Zentralasien, sie ist aber mittlerweile auf der ganzen Nordhalbkugel heimisch und als Gartenpflanze in vielen Kulturformen sehr beliebt.
Beschreibung: Rosensträucher wachsen aufrecht stehend und können mit Hilfe von Rankhilfen auch klettern, je nach der Art. Die Äste sind mit Stacheln bewehrt und mit unpaarig gefiederten, eiförmigen Blättern besetzt, die einen gesägten Rand haben. Die Blüten sind entweder endständige Einzelblüten oder rispige Blütenstände, mit 5 grünen Kelchblättern und einer Vielzahl an Staubblättern. Die Frucht ist eine Sammelnussfrucht.
Verwertbare Teile: Die Frucht, die Hagebutte, zudem die Blüten.
Giftige Pflanzenteile: Keine.
Besonderheiten: Die Blüten aller Rosenarten sind für pflanzenfressende Reptilien eine leckere Zugabe. Als Hauptfutter ist die Rose allerdings nicht geeignet. Vögel erfreuen sich an den Hagebutten (siehe auch Hundsrose, Seite 51). Nager vertragen die Blüten nicht so gut, können aber ab und zu mit den Blättern gefüttert werden.

Vorsicht

Die die Nüsschen umhüllenden Härchen im Inneren der Frucht lösen bei Hautkontakt einen Juckreiz aus (Juckpulver), worauf Vögel allerdings nicht reagieren.

als Futter gut | als Futter sehr gut | weder giftig noch nutzbar | weder giftig noch nutzbar

Roseneibisch, Chinesischer

Hibiscus rosa-sinensis

Andere Bezeichnungen: Chinesische Rose, Hibiskus
Vorkommen: Ursprünglich in Ostindien und China beheimatet, findet sich das Malvengewächs als Kübelpflanze auch in unseren Gärten.
Beschreibung: Die Zierpflanze wird als Strauch oder Baum bis zu 4,5 m hoch und besitzt eiförmige Blätter, am Rand gesägt und spitz zulaufend. Die prächtigen Trichterblüten sind in allen Rot- und Blautönen, aber auch in Gelb und Weiß im Handel zu finden.
Verwertbare Teile: Blüten.
Erntezeit: In den Sommermonaten.
Inhaltsstoffe: Schleimstoffe, Zitronensäure, Apfelsäure, Weinsäure, Hibiskussäure, Anthocyan (roter Farbstoff), Phytosterole, Pektine.
Giftige Pflanzenteile: Keine.
Besonderheiten: Hibiskusblüten können an pflanzenfressende Eidechsen und Schildkröten verfüttert werden, allerdings nicht als Hauptfutter, sondern in Maßen. Nagetieren kann man die Blüten in getrocknetem Zustand ebenfalls als Leckerbissen geben. Über das Verfüttern an Vögel gibt es keine hinreichend belegte Informationen.

Vorsicht

Hibiskusblüten aus konventionellem Anbau sind oft mit Pestiziden belastet, daher ist Vorsicht geboten. Pflanzen aus dem eigenen Garten sind jedoch unbedenklich.

stark giftig | stark giftig | stark giftig | stark giftig

Rosskastanie

Aesculus hippocastanum

Andere Bezeichnungen: Drusenkesten, Gichtbaum
Vorkommen: Die Rosskastanie aus der Familie der Seifenbaumgewächse ist in Europa und dem Balkan beheimatet und ein beliebter Allee- und Parkbaum.
Beschreibung: Bis zu 30 m hoher sommergrüner Baum mit 5- bis 7-fach geteilten, etwa 20 cm langen Blättern. Die Blüten bestehen aus aufrecht stehenden, klebrigen Rispen, diese sind rot, weiß oder gelblich. Die Früchte sitzen in stacheligen, grünen Kapseln, der Samen selbst ist die rötlichbraune Kastanie.
Verwertbare Teile: Keine.
Giftige Pflanzenteile: Alle, besonders die grünen Fruchtschalen.
Toxische Substanzen: In der grünen Fruchtschale Saponine, in der Frucht ebenfalls Saponine, die Coumaringlykoside Aesculin und Aesculetin, Flavonoide, Quercetin und Proanthocyanidine.
Vergiftungserscheinungen: Reizungen des Magen-Darm-Trakts mit Übelkeit und Erbrechen, erweiterte Pupillen, Schleimhautreizungen, Angstzustände und Unruhe, starker Durst, Muskelzucken und Taumeln, Bewusstseinsstörungen, eventuell Koma und Tod.
Erste Hilfe: Behandlung der Symptome, unbedingt den Tierarzt aufsuchen.

Vorsicht

Gefährdet sind vor allem Hunde, die mit den Kastanien spielen, darauf herumbeißen und sie auch manchmal verschlucken.

giftig | giftig | giftig | giftig

Schneeball, Gemeiner

Viburnum opulus

Vorkommen: Dieses Moschuskrautgewächs ist bevorzugt in Europa, Kleinasien bis nach Zentralasien verbreitet.
Beschreibung: Der breite Strauch wird bis zu 5 m hoch, die herzförmigen, 3- bis 5-lappigen Blätter sind an den Rändern gezähnt. Die weißen Blüten duften angenehm und sind doldenförmig angeordnet. Die roten bis schwarzen, kugeligen Steinfrüchte bleiben im Herbst lange am Strauch.
Verwertbare Teile: Keine.
Giftige Pflanzenteile: Rinde, Blätter und die rohen Früchte.
Toxische Substanzen: Viburin, ein harziger Bitterstoff, die Oxalate Alpha- und Beta-Amyrin, Glycoside, das toxische Prinzip ist allerdings unbekannt.
Vergiftungserscheinungen: Lokale Reizungen, leichte Magen-Darm-Probleme mit Erbrechen und Durchfall, Schwindel, Krämpfen, Atemnot und Herzrhythmusstörungen.
Erste Hilfe: Behandlung der Symptome, Medizinalkohle, bei starken Beschwerden, die aber unwahrscheinlich sind, den Tierarzt aufsuchen.
Besonderheiten: Die einheimischen Vögel haben offensichtlich eine große Toleranz gegenüber den Giftstoffen des Schneeballs, denn sie fressen im Herbst und Winter oft die reifen Beeren.

Vorsicht

Die Beeren können leicht mit denen des Johnnisbeerstrauchs verwechselt werden.

giftig | giftig | giftig | giftig

Schneeglöckchen

Galanthus nivalis

Andere Bezeichnungen: Lausblume, Schneeguckerle, Schneekater, Milchblume, Weiße Jungfrau
Vorkommen: Ursprünglich in Europa heimisch, wurde das Nazissengewächs auch in Großbritannien und Skandinavien eingebürgert.
Beschreibung: Die mehrjährige, krautige Zwiebelpflanze beginnt schon im Februar auszutreiben. Zwei, selten mehr, graugrüne, gekielte, linealische Blätter stehen grundständig zusammen. Zuerst umgibt ein Hochblatt schützend die drei weißen, inneren Hüllblätter. Da der Stil sehr schwach ist, senkt sich die Blüte, sie nickt. Die Samenkapseln sind grün und eiförmig.
Verwertbare Teile: Keine.
Giftige Pflanzenteile: Alle.
Toxische Substanzen: Die Hauptalkaloide Galathamin und Lycorin, in der Zwiebel auch noch Tazettin, Magarcin, Naratzin und Lycorin.
Vergiftungserscheinungen: Reizungen des Magen-Darm-Trakts mit Erbrechen und Durchfall, in Einzelfällen je nach Tierart Fieber, bei starken Vergiftungen Lähmungen und Kollaps.
Erste Hilfe: Behandlung der Symptome, Medizinalkohle, bei anhaltenden Beschwerden den Tierarzt aufsuchen.

Vorsicht

Besonders gefährdet sind Katzen, die an den Blättern kauen, und Hunde, die unter Umständen die Zwiebeln ausbuddeln und darauf herumbeißen.

weder giftig noch nutzbar | als Futter geeignet | weder giftig noch nutzbar | als Futter geeignet

Schwarzäugige Susanne

Thunbergia alata

Vorkommen: Ursprünglich im tropischen, südöstlichen Afrika beheimatet, ist die Schwarzäugige Susanne aus der Familie der Acanthusgewächse eine beliebte Ampelpflanze geworden, die gerne auf Balkonen und Terrassen gepflegt wird.
Beschreibung: Die einjährige, krautige Schlingpflanze hat herzförmige bis dreieckige Blätter mit eingekerbten Rändern und glänzend grüner Farbe. Sie wächst meist kletternd, manchmal hängend. Die langgestielten Blüten sind sternförmig, 5-lappig, 2 bis 4 cm groß und dunkelgelb mit einem schwarzen Schlund, der sich eindrucksvoll von der gelben Krone abhebt. Die Wuchshöhe beträgt 1,50 bis 1,80 m.
Verwertbare Teile: Blüten.
Erntezeit: Mai und Juni.
Inhaltsstoffe: Keine Angaben verfügbar.
Giftige Pflanzenteile: Keine.
Besonderheiten: Die Blüten sind ab und zu eine nette Abwechslung für Reptilien, wie Leguane, Schildkröten oder Bartagamen, auf jeden Fall aber kein Alleinfutter. Es besteht auch keine Gefahr, wenn Vögel hin und wieder an der Pflanze knabbern.

Vorsicht

Auch wenn bei der Schwarzäugige Susanne bisher keine toxischen Stoffe nachgewiesen wurden, ist sie keine Futterpflanze im herkömmlichen Sinne.

giftig | giftig | giftig | giftig

Schwertlilie

Iris pseudacorus

Andere Bezeichnungen: Iris, Sumpf-Schwertlilie, Wasser-Schwertlilie
Vorkommen: In Europa, Westasien und Nordafrika beheimatet, wächst die Pflanze bevorzugt in Auenwäldern, Sümpfen, an Ufern und in Gräben.
Beschreibung: Die ausdauernde, mehrjährige Pflanze kann 50 cm bis 1,20 m hoch werden und hat schwertförmige Blätter, die so lang wie der Blütenstand werden. Die Einzelblüte hat drei dunkel geaderte Hängeblätter wie auch drei aufrecht stehende Domblätter. Sie bildet walzenförmige Kapselfrüchte, die viele Samen enthalten.
Verwertbare Pflanzenteile: Keine.
Giftige Pflanzenteile: Blätter, Stängel, Wurzelstock.
Toxische Substanzen: Glykosid Iridin, unerforschte Scharfstoffe, Triterpene vom Typ 16-Hydroxyiridal, vor allem in den Rhizomen.
Vergiftungserscheinungen: Lokale Reizungen, zum Beispiel Kontaktdermatitis durch den Saft der Stängel und der Blätter, Schluckbeschwerden, Koliken, Reizungen des Magen-Darm-Trakts, eventuell mit blutigem Durchfall, Hyperthermie.
Erste Hilfe: Bei Hautkontakt die betroffenen Stellen mit Wasser abspülen, Behandlung der Symptome, den Tierarzt aufsuchen.
Besonderheiten: Andere, seltener vorkommende *Iris*-Arten sind toxikologisch ähnlich einzustufen. Die Wildpflanze steht unter Naturschutz!

Vorsicht

Auch im Dörrfutter bleiben die Giftstoffe enthalten.

giftig | giftig | giftig | giftig

Seerose, Weiße

Nymphaea alba

Andere Bezeichnungen: Weiße Teichrose, Teichmummel, Mumme
Vorkommen: Beheimatet in den gemäßigten, warmen Zonen in stehenden oder langsam fließenden Gewässern. Zuchtformen sind frosthart und in allen möglichen Farben im Handel erhältlich.
Beschreibung: Die mehrjährige, ausdauernde Wasserpflanze hat große, rundlich bis herzförmige, ledrige Schwimmblätter mit einem Durchmesser von bis zu 30 cm. Die weißen, halbgefüllten, oft wohlriechenden Blüten sind von 4 Kronblättern umgeben. Die Früchte sind halbkugelig und schwimmfähig.
Verwertbare Teile: Keine.
Giftige Pflanzenteile: Alle.
Toxische Substanzen: Das Alkaloid Nupharin, das Glykosid Nymphalin und noch nicht genau bestimmte andere Wirkstoffe. In den Rhizomen Ellagsäure.
Vergiftungserscheinungen: Zuerst erregend, dann lähmend unter Umständen auch Atemlähmung, Herzrhythmusstörungen sowie Störungen des Zentralen Nervensystems.
Erste Hilfe: Behandlung der Symptome, Medizinalkohle, den Tierarzt aufsuchen.
Besonderheiten: Seerosen sind geschützte Pflanzen.

Vorsicht

Auch die gelbe Teichrose hat in ihren Rhizomen das giftige und schwefelhaltige Sesquiterpenalkaloid Nupharin.

stark giftig | stark giftig | stark giftig | stark giftig

Seidelbast, Gewöhnlicher

Daphne mezereum

Andere Bezeichnungen: Beißbeere, Deutscher Pfeffer, Bergpfeffer, Pfefferstrauch, Kellerhals, Zindelbast, Läuskraut, Scheißloorbeer
Vorkommen: Wächst auf nährstoffreichen Böden in Mischwäldern, vor allem in Mitteleuropa.
Beschreibung: Ausdauernder Strauch mit einer Höhe bis 1,50 m mit ungeteilten, länglichen Blättern. Die stark duftenden Blüten sitzen zumeist in Büscheln in den Achseln der vorjährigen, abgefallenen Blätter, die scharlachroten Beeren sind eiförmig.
Verwertbare Teile: Keine.
Giftige Pflanzenteile: Alle Teile, besonders Rinde und Samen.
Toxische Substanzen: Samen: der Diterpenester Mezerein; Rinde: Harze, ätherische Öle, Daphnin.
Vergiftungserscheinungen: Schleimhautschwellungen (Aufnahme auch durch die intakte Haut), Entzündungen, Speichelfluss, Brennen im Maul, starke Bauchschmerzen, Krämpfe mit blutigem Durchfall, blutiger Urin, Kreislaufkollaps, Fieber, Schädigung der Nieren und des Zentralen Nervensystems.
Erste Hilfe: Behandlung der Symptome, betroffenen Hautstellen auswaschen, Medizinalkohle, unbedingt sofort den Tierarzt aufsuchen.
Besonderheiten: Die tödliche Dosis liegt bei 12 g Rinde für einen mittelgroßen Hund. Einheimische Vögel, vor allem Drosseln, zeigen eine hohe Gifttoleranz.

Vorsicht

Die toxischen Substanzen werden durch Trocknung zu Heu nicht inaktiviert.

als Futter geeignet | *als Futter geeignet* | *weder giftig noch nutzbar* | *als Futter geeignet*

Sonnenhut, Schmalblättriger

Echinacea angustifolia, E. purpurea

Andere Bezeichnungen: Igelköpfe, Purpursonnenhut
Vorkommen: Ursprünglich in Nordamerika und Mexiko beheimatet, ist die Pflanze aus der Familie der Korbblütler mittlerweile weltweit eine beliebte Zierpflanze für den Garten.
Beschreibung: Der Sonnenhut erreicht eine Wuchshöhe von 1,80 m. Die Blüte besteht aus rotbraunen Röhrenblüten im Blütenköpfchen, umgeben von langen Zungenblüten in Violett oder Rosarot.
Verwertbare Teile: Alle.
Erntezeit: Zur Blütezeit Mai bis August.
Inhaltsstoffe: Phytosterine, Phenolsäuren, Bitterstoffe, Harze, ätherische Öle, Pyrrolizidinalkaloid Tussilagin.
Giftige Pflanzenteile: Alle, allerdings nur in ganz geringem Maße.
Toxische Substanzen: Tussilagin.
Vergiftungserscheinungen: Tussilagin ist unter Umständen erbgutschädigend und krebserregend, allerdings nur bei dauerhafter Aufnahme in größeren Mengen.
Besonderheiten: Der Sonnenhut ist ein altes Heilmittel und wird besonders zur Steigerung des Immunsystems genommen. Erfahrungsgemäß wirkt diese Heilkraft durchaus auch auch bei Tieren.

Vorsicht

Nur in sehr kleinen Mengen verfüttern und bedenken, dass es sich um eine Heilpflanze vor allem bei chronischen Entzündungen handelt.

als Futter geeignet | als Futter geeignet | weder giftig noch nutzbar | als Futter geeignet

Stachelbeere

Ribes uva-crispa

Andere Bezeichnungen: Klosterbeere, Ogrosl, Mungatzen, Mauchale, Chrosle, Chruselbeeri
Vorkommen: Das Rosengewächs hat vermutlich seinen Ursprung im Himalayagebiet, in europäischen Gefilden als Kulturform mit mehr als 400 Zuchtsorten in vielen Gärten anzutreffen, bevorzugt auf nährstoffreichen, lockeren Lehmböden.
Beschreibung: Der buschige, anspruchslose Strauch wird bis zu 3 m hoch und hat mit Stacheln besetzte, graubraune Zweige, die der Pflanze ihren Namen gaben. Die leicht 5-eckigen Laubblätter sind rundlich, die einzeln stehenden Blüten weiß, manchmal ins Grünliche gehend oder rötlich. Saftige, säuerliche Beeren zeigen sich im Spätsommer an den verholzten Ästen und sind weißlich grün, je nach Sorte auch gelb oder rötlich gefärbt.
Verwertbare Teile: Früchte.
Erntezeit: Früchte im August.
Inhaltsstoffe: In der Frucht ist viel Zucker, Gerbstoffe, Eiweiß, Pektin, Beta-Carotin, sehr viel Vitamin C, Mineralstoffe, Weinsäure, Apfelsäure und Zitronensäure.
Giftige Pflanzenteile: Vermutlich keine.
Besonderheiten: Die Stachelbeere wirkt appetitanregend und verdauungsfördernd. Für fruchtfressende Vögel gut geeignet.

Vorsicht

Auf Grund des hohen Zuckergehalts sollten die Stachelbeeren nur selten und in geringen Mengen verfüttert werden.

stark giftig | stark giftig | stark giftig | stark giftig

Stechpalme

Ilex aquifolium

Andere Bezeichnungen: Ilex, Stechhülse
Vorkommen: Kommt wild in Südwest- und Westeuropa vor, bevorzugt im Unterholz von Buchenwäldern. Wird häufig als Ziergehölz angebaut.
Beschreibung: Wächst als immergrüner Baum oder Strauch bis zu 15 m hoch. Die Blätter sind ledrig und haben einen gezahnten Rand. Die Blüten erscheinen zwischen Mai und Juni, die leuchtend roten Beeren schmücken den Strauch im Winter.
Verwertbare Teile: Keine.
Giftige Pflanzenteile: Blätter und Früchte.
Toxische Substanzen: Purinalkaloide, Rutin, Ursolsäure, Theobromin, Bauerenol, Uvaol, Triterpene, Saponine, Tannin, Farbstoffe und noch unbekannte Giftstoffe.
Vergiftungserscheinungen: Übelkeit und Erbrechen mit Durchfall, Lähmungserscheinungen, Herzrhythmusstörungen, Magenentzündungen, große Müdigkeit.
Erste Hilfe: Behandlung der Symptome, bei stärkeren Beschwerden den Tierarzt aufsuchen.
Besonderheiten: Die Informationen sind widersprüchlich. Tiere scheinen jedoch nicht so sehr gefährdet zu sein. Eine Verfütterung der Beeren oder der Blätter ist aber nicht empfehlenswert.

Vorsicht

Mechanische Verletzungen durch die stacheligen Blätter sind möglich.

weder giftig noch nutzbar | weder giftig noch nutzbar | weder giftig noch nutzbar | weder giftig noch nutzbar

Stockrose, Chinesische

Alcea rosea

Andere Bezeichnung: Stockmalve
Vorkommen: Die Stockrose ist eine Art aus der Familie der Malvengewächse, ursprünglich beheimatet in der Türkei und Palästina, mittlerweile eine beliebte Gartenpflanze, vor allem in Bauerngärten auf Grund ihrer im Sommer erscheinenden attraktiven Blütenähren. Sie bevorzugt nährstoffreichen Boden.
Beschreibung: Eine ausdauernde Staudenpflanze, die erst im zweiten Jahr zur Blüte kommt, mit einer Wuchshöhe von bis zu 2 m. Die Blütenknospen öffnen sich von Juli bis September nacheinander vom unteren Teil des Triebes nach oben, die Blüten sind 6 bis 8 cm groß, gefüllt in Rosa, Rot, Gelb oder Weiß. Es finden sich aber in den Zuchtformen auch Blüten mit gesprenkelten, geflammten oder gestreiften Kronblättern. Die großen, wechselständigen, 5- bis 7-lappigen Blätter sind mattgrün und rau, in der Form eines rundlichen Herzens. Die Frucht ist eine Spaltfrucht.
Verwertbare Teile: Keine.
Inhaltsstoffe: Ätherische Öle, Anthocyane, Gerb- und Bitterstoffe, Pektin und Schleimstoffe, Stärke, Mineralstoffe.
Giftige Pflanzenteile: Keine.

Vorsicht

Auch wenn die Stockrose frei von toxischen Substanzen ist, kann sie als Futterpflanze nicht empfohlen werden. Es sind allerdings keine Unpässlichkeiten zu befürchten, wenn ein Tier die Pflanze anknabbert.

stark giftig | stark giftig | stark giftig | stark giftig

Tabak, Virginischer

Nicotina tabacum

Vorkommen: Das Nachtschattengewächs stammt aus Nordargentinien und wird zur Herstellung von Tabakprodukten verwendet.
Beschreibung: Die Pflanze wird bis zu 2 m hoch mit großen, breit elliptischen Blättern und rötlichen, selten weißen, trompetenförmigen Blüten.
Verwertbare Teile: Keine.
Inhaltsstoffe: Das Pyridinalkaloid Nicotin.
Giftige Pflanzenteile: Alle, auch die reifen Samen in geringerer Dosis.
Toxische Substanzen: Nicotin.
Vergiftungserscheinungen: Kurze Erregung, gefolgt von Lähmung der Zentren im Zwischenhirn, Atemnot mit möglicherweise plötzlicher Atemlähmung mit Todesfolge, Magenkrämpfe, verlangsamter Herzschlag.
Erste Hilfe: Behandlung der Symptome, sofortiges Aufsuchen des Tierarztes ist unerlässlich!
Besonderheiten: Die toxische Wirkung ist auch in den Zigaretten enthalten, verbrennt jedoch größtenteils. Verspeist, liegt die tödliche Dosis beim Menschen bei einer Zigarre oder fünf Zigaretten. Auf Grund des kleineren Organismus der meisten Tiere ist sie bei Tieren entsprechend geringer.

Vorsicht

Bei selbsthergestellten Schädlingsbekämpfungsmitteln aus Tabakkraut kann es durch falsche Handhabung bei Verzehr der behandelten Gemüse oder Kräuter zu Vergiftungen kommen. Trocknen zu Heu inaktiviert die Alkaloide nicht!

stark giftig | stark giftig | stark giftig | stark giftig

Thuja

Thuja occidentalis

Andere Bezeichnung: Abendländischer Lebensbaum
Vorkommen: Das Zypressengewächs kommt aus Nordamerika und ist bei uns eine beliebte Garten- und Friedhofspflanze.
Beschreibung: Die Wuchshöhe kann 15 m erreichen, die Rinde ist graubraun, die schuppenförmigen, immergrünen Blätter verströmen beim Zerreiben einen aromatischen Duft. Die männlichen Samen sind kugelig, die weiblichen sind erst grüne, dann braune 1 cm lange Zapfen.
Verwertbare Teile: Keine.
Giftige Pflanzenteile: Zweige, Zapfen, Holz.
Toxische Substanzen: Ätherische Öle wie Thujon, Tropolonen, das Lignanderivat Picatsäure, Bitter- und Gerbstoffe.
Vergiftungserscheinungen: Reizungen des Magen-Darm-Trakts mit Erbrechen, Durchfall, Magenblutungen, Nieren- und Leberschäden, Bewusstlosigkeit, Hautreizungen.
Erste Hilfe: Behandlung der Symptome, Medizinalkohle, sofort zum Tierarzt.
Besonderheiten: Das Gift reichert sich vor allem bei Landschildkröten in der Leber an.

Vorsicht

Gefährdet sind vor allem Tiere, an deren Freigehege der Lebensbaum wächst. Nicht alle mit Thuja bezeichneten Pflanzen sind Lebensbäume. Die Scheinzypresse (*Chamaecyparis* subsp.) ist nicht giftig, der Morgenländische Lebensbaum (*Thuja orientalis*) besitzt jedoch die gleiche Giftigkeit wie der Abendländische.

stark giftig | stark giftig | stark giftig | stark giftig

Tomate

Lycopersicon esculentum

Andere Bezeichnungen: Liebesapfel, Paradeiser
Vorkommen: Beheimatet in Süd- und Mittelamerika, wird das Nachtschattengewächs weltweit als Gemüsepflanze kultiviert.
Beschreibung: Die krautige Pflanze wird etwa 1,50 m hoch, hat unpaarig gefiederte, gelappte Blätter und gelbe Blüten. Die Frucht ist meist rot, auch gelb, rot-grün oder gelb-grün gestreift.
Verwertbare Teile: Frucht.
Inhaltsstoffe: Lycopin, ein wichtiger Schutzstoff gegen freie Radikale.
Giftige Pflanzenteile: Blätter und unreife Früchte.
Toxische Substanzen: Das Kraut und die unreife Frucht enthalten das Steroidalkaloid Solanin, reife Früchte sind nahezu frei von giftigen Stoffen.
Vergiftungserscheinungen: Eine leichte Vergiftung äußert sich durch Kratzen im Hals, Kopfschmerzen, Mattigkeit und Erbrechen mit Durchfall, manchmal erst Stunden nach der Aufnahme der Stoffe. In schweren Fällen Atemnot, Herzschwäche, Krämpfe, Hautreizungen.
Erste Hilfe: Behandlung der Symptome, unter Umständen den Tierarzt aufsuchen.
Besonderheiten: Solanin ist auch in der Aubergine und der Kartoffel enthalten, die ebenfalls zu den Nachtschattengewächsen zählen.

Vorsicht

Gefährdet sind Tiere, in deren Freigehege Tomatenpflanzen gesetzt wurden. Die reife Frucht kann in kleinen Mengen verfüttert werden.

schwach giftig | schwach giftig | schwach giftig | schwach giftig

Tränendes Herz

Dicentra spectabilis

Andere Bezeichnungen: Flammendes Herz, Frauenherz, Mutterherz, Jungfernherz, Herzblume, Blutendes Herz
Vorkommen: Das Erdrauchgewächs ist in Südostasien sowie Nordamerika beheimatet und bei uns als Zierpflanze für halbschattige Standorte sehr beliebt. Sie kann bei guter Pflege 50 Jahre alt werden.
Beschreibung: Die bogig überhängende Pflanze kann bis 80 cm hoch werden, die zartgrünen, empfindlichen Blätter sind farnartig und tief geschlitzt, wobei die rot-weißen, dekorativen Blüten hängend als einseitswendige Traube an der Pflanze wachsen. Die äußeren, herzförmigen Kronblätter geben der Pflanze ihren Namen.
Verwertbare Teile: Keine.
Giftige Pflanzenteile: Vor allem die Wurzel, aber auch die anderen Pflanzenteile.
Toxische Substanzen: Verschiedene Alkaloide, unter anderem Bulbocapnin.
Vergiftungserscheinungen: Brennen im Maul, Reizungen des Magen-Darm-Trakts mit Erbrechen und Durchfall, bei sehr starken Vergiftungen Lähmungserscheinungen.
Erste Hilfe: Behandlung der Symptome, unter Umständen den Tierarzt aufsuchen.
Besonderheiten: Die Pflanze ist nur schwach giftig, daher sind in den meisten Fällen nur leichte Unpässlichkeiten zu erwarten.

Vorsicht

Gefährdet sind vor allem Tiere, in deren Freigehege das Tränende Herz wächst.

 giftig  giftig  giftig  giftig

Tulpe

Tulipa gesneriana

Andere Bezeichnung: Gartentulpe
Vorkommen: Beheimatet im Steppengebiet von Südeuropa und Vorderasien, wird die Tulpe aus der Familie der Liliengewächse mittlerweile weltweit in zahlreichen Sorten kultiviert.
Beschreibung: Ausdauerndes Zwiebelgewächs mit einem 30 bis 40 cm langen, unverzweigten Stängel, an dem sich endständig die Einzelblüten befinden, die sich glocken- bis napfförmig zeigen und je nach Zuchtform in unendlich vielen Farben, auch mehrfarbig zu finden sind. Die Blätter sind breit lanzettlich, grün und haben einen glatten Rand.
Verwertbare Teile: Keine.
Giftige Pflanzenteile: Alle Teile, besonders die Zwiebel.
Toxische Substanzen: Tulipin, Tuliposid A und B, Lectine.
Vergiftungserscheinungen: Kontaktdermatitis, Reizung der Schleimhäute und des Magen-Darm-Trakts mit Erbrechen und Durchfall, bei größeren Mengen Schock, Apathie und Atemlähmung.
Erste Hilfe: Behandlung der Symptome, Medizinalkohle, Abwaschen betroffener Hautstellen, den Tierarzt aufsuchen.
Besonderheiten: Bei häufigem Kontakt mit den Zwiebeln gibt es bei Menschen eine Kontaktdermatitis, den sogenannten Tulpenfinger.

Vorsicht

Besonders Hunde, die Tulpenzwiebeln ausgraben und diese zerbeißen, sind gefährdet, ebenso Katzen, die auf den Blättern herumkauen.

schwach giftig | schwach giftig | schwach giftig | schwach giftig

Waldrebe

Clematis vitalba

Andere Bezeichnung: Clematis
Vorkommen: Ursprünglich in den Wäldern und Auwäldern des südlichen, westlichen und mittleren Europas beheimatet, sind die farbenprächtigen Zuchtformen dieser Hahnenfußgewächse aus den Gärten nicht mehr wegzudenken.
Beschreibung: Ein ausdauernder Kletterstrauch mit verholzendem Stängel, der bis 6 m hoch werden kann. Die Blätter sind unpaarig gefiedert, fallen bei einigen Sorten ab, sind aber bei anderen immer grün. Die Blüten der Zuchtformen sind lang gestielt, stern- oder schalenförmig mit einem Durchmesser von bis zu 20 m, in vielen unterschiedlichen Farben.
Verwertbare Teile: Keine.
Giftige Pflanzenteile: Alle.
Toxische Substanzen: Protoanemonin.
Vergiftungserscheinungen: Schleimhautreizungen, Reizungen des Magen-Darm-Trakts, Schädigung der Nieren. Schädigungen des Nervensystems mit Krämpfen und Lähmungen. Der Hautkontakt mit dem Saft kann eine Blasen bildende Dermatitis hervorrufen.
Erste Hilfe: Behandlung der Symptome, Medizinalkohle. Bei stärkeren Beschwerden unbedingt den Tierarzt aufsuchen.
Besonderheiten: Die toxischen Stoffe sind im Dürrfutter nicht mehr enthalten.

Vorsicht

Die einheimische Art *C. vitalba*, die Weiße Waldrebe, wächst überall wild. Als besonders tiergiftig gilt die australische Art *Clematis microphylla*.

stark giftig | stark giftig | stark giftig | stark giftig

Winterling, Kleiner

Eranthis hyemalis

Vorkommen: Ursprünglich in Südosteuropa beheimatet bis hin zur Türkei, ist dieses Hahnenfußgewächs auf Grund seiner frühen Blüte eine beliebte Gartenpflanze für sonnige bis halbschattige Standorte.
Beschreibung: Die mehrjährige, ausdauernde Pflanze wird lediglich 15 cm hoch und weist grüne, handförmige, grundständige Blätter auf, die an den Enden sehr spitz sind und erst nach der Blüte erscheinen. Die gelben, glänzenden Blüten sind schalenförmig und stehen am Ende eines dicken Stängels, darunter befinden sich die quirlförmig angeordneten Hochblätter. Es bilden sich Balgfrüchte aus, die große Samenkörner enthalten.
Verwertbare Teile: Keine.
Giftige Pflanzenteile: Alle, vor allem die Knollen.
Toxische Substanzen: Umstritten, Bufadienolide konnten nicht bestätigt werden, es wurden jedoch Glykoside von Chromon-Derivaten nachgewiesen, die ebenfalls herzaktiv sein sollen.
Vergiftungserscheinungen: Reizungen des Magen-Darm-Trakts mit Übelkeit und Erbrechen, Atemnot, unregelmäßiger oder verlangsamter Puls.
Erste Hilfe: Behandlung der Symptome, den Tierarzt aufsuchen.

Vorsicht

Vor allem Nagetiere in Freigehegen sind gefährdet, aber auch Hunde, die Knollen ausgraben, damit spielen und darauf herumkauen.

giftig | giftig | giftig | giftig

Wurmfarn, Gemeiner

Dryopteris filix-mas

Andere Bezeichnungen: Gewöhnlicher Wurmfarn, Männerfarn
Vorkommen: In Wäldern bis 1800 m.
Beschreibung: Die bis zu 1,50 m langen Wedel sind in Rosetten angeordnet, der kurze Blattstiel ist mit gelbbraunen Streuschuppen besetzt. Die Fiederblättchen sind fein gesägt. Die Sporenbehälter sitzen an der Unterseite.
Verwertbare Teile: Keine.
Giftige Pflanzenteile: Alle, auch die Wurzeln.
Toxische Substanzen: Enzym Thiaminase, Aspidinol, Filicin und geringe Mengen blausäurehaltiger Verbindungen.
Vergiftungserscheinungen: Reizungen des Magen-Darm-Trakts, blutiger Durchfall, Lähmungen des Zentralen Nervensystems (taumelnder Gang), Sehstörungen mit Blindheit, Nierenschäden.
Erste Hilfe: Behandlung der Symptome, den Tierarzt aufsuchen.
Besonderheiten: Blasen-, Schwert-, Geweih-, Saum-, Streifen- und Goldtüpfelfarn (*Cystopteris fragilis*, *Nephrolepis exaltata*, *Platycerium bifurcatum*, *Pteris*, *Asplenium trichomanes*, *Phlebodium aureum*) zählen zu den für Tiere ungefährlichen Zimmerfarnpflanzen. Lediglich vereinzelte Fälle leichter Gastritis wurden bekannt, trotzdem handelt es sich auch bei all diesen Farnen nicht um Futterpflanzen!

Vorsicht

Giftig sind die Nichtfarnpflanzen Rainfarn (*Tanacetum*) und Palmfarn (*Cycas*).

Serviceseiten

Literatur

ARBEITSGRUPPE KRÄUTER UND GEWÜRZE FÜR NUTZ- UND HEIMTIERE (www.phytovet.at) (2012): Kräuter für Nutz- und Heimtiere. Eigenverlag

BOHNE, B. UND P. DIETZE (2007): Taschenatlas Giftpflanzen. Verlag Eugen Ulmer

ERHARDT, GÖTZ, BÖDECKER, SEYBOLD (2009): Zander. Handbuch der Pflanzennamen. Verlag Eugen Ulmer

FROHNE, D., und H. J. PFÄNDER (2004): Giftpflanzen. Wissenschaftliche Verlagsgesellschaft mbH

FRYE, F. (2003): Reptilien richtig füttern. Verlag Eugen Ulmer

HABERER, M. (2006): Ulmers großer Taschenatlas Garten- und Zimmerpflanzen. Verlag Eugen Ulmer

HABERMEHL, G., und P. ZIEMER (2009): Giftpflanzen und Intoxikationen in der tierärztlichen Praxis. M. & H. Schaper

WILSDORF, G., UND E. WERNER (1988): Vergiftungsrisiken für Heimtiere durch Zimmer- und Zierpflanzen. Mh. Vet. Med. Seite 798–802

Adressen

Abtei St. Severin www.abtei-st-severin.de

Gesundheitsservice, Dr. Sonja Reitz www.botanikus.de/index.html

Giftpflanzenkompendium, B. Bös www.giftpflanzen.com/deutsch.html

Veterinärpharmakologie und Toxikologie Zürich, Prof. F. R. Althaus, www.vetpharm.unizh.ch

Zentrum für Kinderheilkunde der Universität Bonn, Informationszentrale für Vergiftungen www.meb.uni-bonn.de/giftzentrale

Bildquellen

Umschlagfotos:
Großes Bild: Tierfotoagentur/J. Hutfluss
Kleines Bild: Eva-Maria Götz

BÄRTELS, ANDREAS: Seite 137, 142, 147
BECKER, KLAUS: Seite 14, 58, 90, 103
BEER, HERBERT: Seite 41
BLANCKE, ROLF: Seite 161
BOHNE, BURKHARD: Seite 9, 21, 30, 66, 120, 217
BOTANIKFOTO/HANS-ROLAND MÜLLER: Seite 53, 239
BOTANIKFOTO/STEFFEN HAUSER: Seite 19, 50, 202
DIETZE, PETER: Seite 11, 13, 40, 113, 146
GBA STRAUSS/ENGELHART: Seite 162
HABERER, MARTIN: Seite 235
HECKER, FRANK: Seite 22
HEMPFLING, ANNETTE: Seite 173, 224
KÖNIG, RUDOLF: Seite 63
KUHN, REGINA: Seite 6
KUMMERT, FRITZ: Seite 207
LAUX, HANS E.: Seite 246
MATTHEUS-STAACK, ELKE: Seite 31, 57, 87, 92, 94, 218, 226
REINHARD, HANS: Seite 46, 86, 100
SCHMIDT, WOLFGANG: Seite 132
SCHNEIDER, CHRISTINE: Seite 20, 23, 33, 35, 47, 62, 67, 71, 76, 80, 102, 124, 135, 168, 183, 201, 204, 213, 215, 234
STRAUSS, FRIEDRICH: Seite 220
URBAN, KLAUS & HELGA: Seite 188, 206, 212, 233
ZOONAR/OTMAR DIEZ: Seite 140

Alle übrigen Fotos im Innenteil von Eva-Maria Götz.

Register

Haftungsausschluss Die in diesem Buch enthaltenen Empfehlungen und Angaben sind vom Autor mit größter Sorgfalt zusammengestellt und recherchiert worden. Eine Garantie für die Richtigkeit der Angaben kann aber nicht gegeben werden. Autor und Verlag übernehmen keinerlei Haftung für Schäden und Unfälle.

Bibliografische Information der Deutschen Nationalbibliothek
Die Deutsche Nationalbibliothek verzeichnet diese Publikation in der Deutschen Nationalbibliografie; detaillierte bibliografische Daten sind im Internet über http://dnb.d-nb.de abrufbar.

2009, 2014 Eugen Ulmer KG
Wollgrasweg 41, 70599 Stuttgart (Hohenheim)
E-Mail: info@ulmer.de
Internet: www.ulmer.de
Lektorat: Dr. Eva-Maria Götz
Herstellung: Gabriele Wieczorek
Satz: pagina GmbH, Tübingen
Umschlagentwurf: Atelier Reichert, Stuttgart
Druck und Bindung: Firmengruppe APPL, aprinta druck, Wemding
Printed in Germany

ISBN 978-3-8001-8096-7